Band 21 · September 1985

9

isotopenpraxis

AKADEMIE-VERLAG

ISSN 0021-1915 Isotopenpraxis, Berlin 21 (1985) 9, 297—336

EVP 9,— M

ISOTOPENPRAXIS

begründet von J. Mühlenpfordt und C. F. Weiss

An unsere Autoren

Die Zeitschrift veröffentlicht Beiträge zu folgenden Themen: Kontrolle und Analyse radioaktiver und stabiler Isotope, Anwendung radioaktiver und stabiler Isotope in allen Gebieten der Forschung und Technik, der Industrie, Landwirtschaft und Medizin, Herstellung radioaktiver und stabiler Isotopen sowie von markierten Verbindungen, kernelektronische Geräte für die Isotopenanwendung (Dickenmesser, Dichtemesser u. ä.) Detektoren für isotopentechnische Arbeiten und den Strahlenschutz in Isotopenlaboratorien, Meßtechnik und Strahlenschutz, Dosimetrie in Isotopenlaboratorien, kerntechnische Geräte für die Isotopenanwendung (Beton, Bestrahlungsanlagen u. ä.), Strahlenchemie, Radiochemie, ökonomische und perspektivische Fragen, Fragen der Weiterbildung.

1. Aufnahme von Manuskripten

Zur Veröffentlichung angenommen werden nur druckreife, noch nicht anderweitig publizierte Beiträge in deutscher, englischer oder russischer Sprache zum Themenbereich der Zeitschrift und zwar

Originalarbeiten
Kurze Mitteilungen
Aus der Praxis
Zusammenfassende Berichte
Tagungsberichte
Informationen.

Sind der Beitrag oder Teile daraus bereits veröffentlicht oder ist eine anderweitige Veröffentlichung vorgesehen, so muß dies der Redaktion mit genauer Angabe der Zweitveröffentlichung mitgeteilt werden. Mit der Annahme des Manuskriptes behält sich der Verlag das Recht der Vervielfältigung, Verbreitung und Übersetzung innerhalb der gesetzlichen Schutzfrist vor. Auszugsweiser Nachdruck oder photomechanische u. a. Wiedergabe sind an eine schriftliche Genehmigung des Verlages gebunden. Manuskripte, Zeichnungen und Photos von veröffentlichten Arbeiten werden nur auf den besonderen und bis zum Zeitpunkt der Veröffentlichung mitgeteilten Wunsch des Autors zurückgesandt.
Bei der unverlangten Einreichung von Manuskripten wird empfohlen, eine Befürwortung eines der Herausgeber oder Redaktionsausschußmitglieder beizufügen.
Manuskripte sind einzureichen bei der Redaktion, 1086 Berlin Leipziger Str. 3 – 4.

2. Form der Manuskripte

Die Autoren werden gebeten:
2 Manuskripte, eines davon in Original-Maschinenschrift, einseitig und mit 2zeiligem Abstand einzureichen; gut leserliche Photokopien sind zulässig; auf dem 1. Blatt (unter Weglassung der Bezeichnung)
den Titel der Arbeit
Vorname-Initialen und Namen sämtlicher Autoren
gegebenenfalls die Institution, in der sie tätig sind
eine kurze Zusammenfassung der Arbeit von höchstens 15 Zeilen
Keywords in alphabetischer Reihenfolge und
als Fußnote die Anschrift der Institution anzugeben;
wenn möglich, Zusammenfassung, Titel und Autoren *englisch* (bei deutschem oder russischem Manuskript) bzw. *deutsch* (bei englischem Manuskript) 2fach beizufügen;
Literaturhinweise (fortlaufend numeriert), Fußnoten, Tabellen, Abbildungen (in 2–3facher Veröffentlichungsgröße), Abbildungsunterschriften (getrennt von den Abbildungen mit Zeichenerklärungen, Quellenangaben, falls erforderlich, und gegebenenfalls mit einem Vermerk für besondere Wünsche bezüglich der Abbildungsgröße), private und Dienstanschrift der Verfasser mit akademischen Titeln und ausgeschriebenen Vornamen auf besonderen Blättern ans Ende des Manuskriptes zu stellen;
Wünsche für den Kolumnentitel (Seitenüberschrift) bekanntzugeben;
Absätze durch Einzüge von mindestens 3 Anschlägen kenntlich zu machen;
die Maßeinheiten des SI-Systems („Systeme International") zu verwenden;
Korrekturen im Manuskript unmittelbar an der zu korrigierenden Stelle anzubringen;
Formeln deutlich lesbar und möglichst groß einzutragen;
Farbabbildungen und nachträgliche Änderungen oder Ergänzungen in Abbildungen zu vermeiden;
hervorzuhebende Textstellen zu unterstreichen, und zwar halbfetten Satz mit einer geraden schwarzen Linie, kursiven Satz (Schrägschrift) mit einer blauen Wellenlinie (alle Eigennamen). Sperrungen gestrichelt;
besondere Buchstaben durch farbige Unterstreichung zu kennzeichnen, und zwar Formelzeichen in

Griechisch-Kursiv ($\alpha, \beta, \ldots$) rot,
Kursiv ($A, B, \ldots$) blau
halbfetter Kursiv ($\boldsymbol{A}, \boldsymbol{B}, \ldots$) 2 Linien blau (Vektoren),
halbfetter Grotesk ($\mathbf{A}, \mathbf{B}, \ldots$) 2 Linien violett (Tensoren);

bei Literaturangaben auf Vollständigkeit zu achten. In nachstehender Reihenfolge müssen angegeben sein:

a) bei *Zeitschriften*: Vorname-Initialen und Namen sämtlicher Autoren, Titel der Zeitschrift (nach „Periodica Chimica" oder möglichst wenig gekürzt), Bandnummer (unterstrichen), Jahreszahl (in Klammern), Heftnummer (nur bei Zeitschriften, die jedes Heft mit S.1 beginnen) sowie die Seitenzahl, auf der die zitierte Arbeit beginnt.

b) bei *Büchern*: Initialen der Vornamen und Name des Autors (Herausgeber werden durch den Zusatz „ed." gekennzeichnet), voll ausgeschriebener Titel des Buches in der Originalsprache, evtl. Bandnummer, voll ausgeschriebener Name des Verlages, Nummer der Auflage (außer der ersten), Erscheinungsort(e), Erscheinungsjahr (hier nicht in Klammern setzen!) und evtl. Kapitelnummer, Seitenzahl u. ä.

c) bei *Sammelbänden, Tagungsberichten*: Es soll zusätzlich der Titel des zitierten Beitrags angegeben werden. Die Seitenzahl muß unbedingt angegeben werden. Aus dem Zitat muß hervorgehen, ob es sich um einen Tagungssammelband oder um einen noch nicht veröffentlichten Vortrag handelt. Zwischen Tagungsort und Erscheinungsort des entsprechenden Tagungsberichts ist zu unterscheiden.

3. Korrekturen

Der Autor erhält zwei Umbruchabzüge, von denen einer möglichst schnell korrigiert an die Redaktion zurückgereicht werden soll. Auf Wunsch des Autors kann die Korrektur auch von der Redaktion gelesen werden.

Durch nachträgliche Manuskriptänderungen verursachte Korrekturkosten gehen, sofern sie 10% der Satzkosten übersteigen, zu Lasten des Autors.

Der Autor erhält 50 Sonderdrucke kostenlos. Weitere Sonderdrucke können bis zur Rückgabe der Korrekturabzüge auf Kosten des Autors bei der Redaktion bestellt werden.

Bezugsmöglichkeiten

Bestellungen sind zu richten

— **in der DDR** an den Postzeitungsvertrieb unter Angabe der Kundennummer des Bestellenden oder an den AKADEMIE-VERLAG BERLIN, DDR-1086 Berlin, Leipziger Straße 3–4, PF-Nr. 1233;
— **im sozialistischen Ausland** an eine Buchhandlung für fremdsprachige Literatur oder an den zuständigen Postzeitungsvertrieb;
— **in der BRD und Berlin(West)** an eine Buchhandlung oder an die Auslieferungsstelle KUNST UND WISSEN, Erich Bieber OHG, Wilhelmstraße 4–6, D-7000 Stuttgart 1;
— **in den übrigen westeuropäischen Ländern** an eine Buchhandlung oder an die Auslieferungsstelle KUNST UND WISSEN, Erich Bieber GmbH. Dufourstraße 51, CH-8008 Zürich;
— **im übrigen Ausland** an den Internationalen Buch- und Zeitschriftenhandel; den Buchexport Volkseigener Außenhandelsbetrieb der Deutschen Demokratischen Republik, DDR-7010 Leipzig, Postfach 160; oder an den AKADEMIE-VERLAG BERLIN, DDR-1086 Berlin, Leipziger Straße 3–4.

Zeitschrift „Isotopenpraxis"

Herausgeber: Zentralinstitut für Isotopen- und Strahlenforschung der Akademie der Wissenschaften der DDR.
Verlag: Akademie-Verlag Berlin, DDR-1086 Berlin, Leipziger Straße 3–4, PF-Nr. 1233; Fernruf: 2236221 oder 2236229; Telex-Nr.: 114420;
Bank: Staatsbank der DDR, Berlin, Kto.-Nr.: 6836-26-20712.
Chefredakteur: Prof. Dr. H. Hübner, Leipzig.
Anschrift der Redaktion der Zeitschrift Isotopenpraxis: Prof. Dr. H. Hübner, DDR-7010 Leipzig, Karl-Marx-Platz, Hauptpostamt, PSF 370; Fernruf: 281018.
Veröffentlicht unter der Lizenznummer 1527 des Presseamtes beim Vorsitzenden des Ministerrates der Deutschen Demokratischen Republik.
Gesamtherstellung: VEB Druckerei „Thomas Müntzer", DDR-5820 Bad Langensalza.
Erscheinungsweise: Die Zeitschrift „Isotopenpraxis" erscheint monatlich. Die 12 Hefte eines Jahrganges bilden einen Band. Bezugspreis je Band 240,— DM zuzüglich Versandspesen; Preis je Heft 20,— DM. Der gültige Jahresbezugspreis für die DDR ist der Postzeitungsliste zu entnehmen.
Bestellnummer dieses Heftes: 1079/21/9.

AN (EDV) 12831
00900

Isotopenpraxis 21 (1985) 9, S. 297 bis 299

Hans Geiger — ein Pionier der Teilchenphysik

K.-P. Dostal[1]), *D. Hoffmann*[2])

([1]) Zentralinstitut für Isotopen- und Strahlenforschung der AdW; [2]) Institut für Theorie, Geschichte und Organisation der Wissenschaften der AdW)

Vor 40 Jahren starb der Experimentalphysiker Hans Geiger. Seine Forschungsergebnisse fanden nicht nur in Form der Teilchenzähler eine kaum übersehbare Fülle von Anwendungen, sondern griffen auch mehrmals direkt in die Entwicklung grundlegender physikalischer Konzeptionen ein. Mit einem Rückblick auf Geigers Leben und Werk soll an seine physikhistorische Bedeutung erinnert werden.

Forty years ago the experimental physicist Hans Geiger died. His results of research have not only be applied in the form of the hardly surveyable use of the particle counter but have also directly influenced at that time the development of basically physical concepts. A review of Geiger's life and work shall remind us of his physico-historical importance.

Keywords

atomic models; coincidence methods; cosmic radiation; history; radiation detectors; radioactivity; reviews

Johann (Hans) Wilhelm Geiger wurde am 30. 9. 1882 in Neustadt/Haardt als Sohn des Iranisten und Indologen *Wilhelm Geiger* geboren. Seine Jugend verlebte Geiger in Erlangen, wo er nach einjährigem Militärdienst auch sein Studium aufnahm. Die anfängliche Vorliebe für Mathematik verwandelte sich unter dem Einfluß *Eilhard Wiedemanns* (in Erlangen) und *Hermann Eberts* (an der TH München) in eine ausgesprochene Neigung zur Experimentalphysik, worin wohl auch seine eigentliche Begabung lag [1]. Im Jahre 1906 promovierte Geiger bei Wiedemann über ,,Strahlungs-, Temperatur- und Potentialmessungen in Entladungsröhren mit starken Strömen". Wiedemann vermittelte ihm eine Anstellung bei *Arthur Schuster* an der Universität Manchester. Bei dessen Amtsverzicht 1907 wollte Geiger nach Erlangen zurückkehren, änderte seine Absicht aber, als unversehens Schusters Nachfolger

Anschriften: [1]) 7050 Leipzig, Permoserstr. 15; [2]) 1100 Berlin, Prenzlauer Promenade 149 – 152

Rutherford eintraf und es Geiger zufiel, ihn durchs Institut zu führen. Geiger schrieb über diese Begegnung: ,,Bald waren wir im wissenschaftlichen Gespräch, und Rutherford legte mir nahe, in Manchester zu bleiben und ihm bei der Arbeit zu helfen. Ich fühlte, daß dies ein Schicksalsruf war, und griff zu, alle alten Pläne über den Haufen werfend" [2].

Bereits die erste gemeinsame Veröffentlichung aus dem Jahre 1908 [3] enthielt bemerkenswerte Ergebnisse: Rutherford und Geiger, der hier seine Erfahrungen in der Gasentladungsphysik vorteilhaft einbringen konnte, erfanden unter Ausnutzung des *Townsend*schen Gasverstärkungsmechanismus den ersten (im Proportionalbereich arbeitenden) elektrischen Teilchenzähler. Damit verfügten sie neben der von *Crookes* sowie *Elster* und *Geitel* 1903 entdeckten subjektiven Szintillationsmethode über ein zweites (objektives) Zählverfahren. Mit ihm ermittelten Rutherford und Geiger für die Quellstärke eines Gramms Radium einen Wert von $3{,}4 \times 10^{10}$ Alphateilchen pro Sekunde. Sie fanden weiter, daß die Impulsrate des Ionisationszählers mit der vom gleichen Präparat verursachten Szintillationsrate übereinstimmt, und folgerten, daß jede Szintillation von einem Alphateilchen bewirkt wird. Damit erst erhielt die Szintillationsmethode ihre Berechtigung zur Teilchenzählung. Das numerische Resultat erregte beträchtliches Aufsehen; darüber hinaus hatte die Arbeit insofern Bedeutung, als die makroskopische Wirkung einzelner Atome erstmalig zweifelsfrei nachgewiesen werden konnte (vgl. z.B. [4], S. 148).

Mit dem Zähler bestimmten Rutherford und Geiger die von einem Alphateilchen mitgeführte Ladung (als Quotient aus der an einem Elektrometer erhaltenen Gesamtladung und der Teilchenzahl), wodurch die Identität der Alphateilchen mit doppelt ionisierten Heliumatomen sehr nahegelegt wurde. (Dies bewiesen endgültig *Rutherford* und *Royds* 1909 mittels des beim Alphazerfall von Radon allmählich entstehenden Heliumspektrums.) Auch die Halbwertszeit des Radiums ließ sich aus den Zählungen ableiten. Ebenfalls noch im Jahre 1908 lieferte Geiger (allein) den ,,direktesten Beweis" (*Laue*) für die 1905 von *v. Schweid-*

ler aufgestellte statistische Theorie des radioaktiven Zerfalls und begann mit seinen Experimenten zur Streuung der Alphateilchen bei ihrem Durchgang durch dünne Folien, die schließlich das *Rutherford*sche Atommodell erzwangen: Rutherford hatte sich schon 1906 in Montreal mit der Streuung von Alphastrahlung beschäftigt und gefolgert, „daß in den Atomen sehr starke elektrische Kräfte vorhanden sein müssen", vgl. [5]. Demgegenüber fand Geiger in seiner ersten Meßserie (ebenso wie die folgenden Untersuchungen mittels der Szintillationstechnik ausgeführt) kein wesentlich neues Ergebnis; die von ihm erhaltenen (bis zu Ablenkwinkeln von 1° ausgemessenen) Verteilungskurven ließen sich statistisch durch Vielfachstreuung begründen. Erst als Rutherford Geigers und des jungen *Ernest Marsdens* Aufmerksamkeit auf die Messung großer Ablenkwinkel richtete, zeigten sich (1909) sogar Reflexionen — von etwa $1:10^4$ auffallenden Teilchen —, über die Rutherford später sagte: „Das war das unglaublichste Ereignis, das mir in meinem Leben jemals zu Ohren gekommen ist. Es war fast so unglaublich, als ob man eine 15-Zoll-Granate auf ein Stückchen Seidenpapier feuert, die Granate zurückkommt und man von ihr getroffen wird".

Insbesondere erschienen die Beobachtungen im Rahmen des vorherrschenden Atommodells mit homogen verteilter positiver Ladung (*Kelvin* 1902, *J. J. Thomson* 1904) als sehr unwahrscheinlich. (Das prinzipiell trächtige im wesentlichen leere Atom *Lenards* (1903) wurde — wohl wegen seines vorwiegend qualitativen Charakters — wenig beachtet.) Möglicherweise aber von *Nagaokas* „Saturn"-Modell (mit positivem, ringförmig in regelmäßigen Abständen von Elektronen umgebenem Kern) beeinflußt [5], hatte Rutherford 1911 den entscheidenden Gedanken, eine gedachte atomare Zentralladung so weit zu komprimieren, bis die wachsende *Coulomb*kraft die beobachteten Ablenkungen im Einzelstoß bewirken könnte. Davon ausgehend fand er innerhalb weniger Tage [2] seine bekannte Streutheorie, die z. B. für Winkel- und Dickenabhängigkeit der Ablenkung ganz andere Zusammenhänge ergab als das *Kelvin-Thomson*-Modell. Die Unterschiede waren nachprüfbar, erforderten aber im Vergleich zu den vorausgegangenen Messungen wesentlich genauere Experimente. Geiger bestätigte zunächst die berechnete Winkelverteilung, und erst daraufhin veröffentlichte Rutherford (am 7. 3. 1911) seine neuen Vorstellungen vom Atom (vgl. [6]). In umfangreichen Untersuchungen bei Variation aller Parameter konnten dann Geiger und Marsden die Theorie Rutherfords einschließlich der numerischen Voraussagen für Ladung und Größe des Atomkerns umfassend bestätigen. Diese Messungen gaben den Weg frei für das *Rutherford-Bohr*sche Atommodell mit all seinen Konsequenzen.

Ein weiterer Ertrag jener Jahre war die Aufdeckung des Zusammenhangs zwischen den Halbwertszeiten von Alphastrahlern und ihren Alpha-Reichweiten in Luft (1913, gemeinsam mit *John Mitchell Nuttall*). Damit ließen sich u. a. die Halbwertszeiten kurzlebiger Alphastrahler auf bequeme Weise abschätzen. Beim Uran fanden Geiger und Nuttall zwei verschiedene Reichweiten und schlossen auf zwei verschiedene von ihnen UI (^{238}U) und UII (^{234}U) genannte (langlebige) Uranarten, was zur Klärung des Isotopiebegriffs beitrug. Werden die prinzipiell wenig bedeutsamen Reichweiten mittels einer der im Jahr zuvor gefundenen „Geiger-Relationen" durch die Energie substituiert, so beschreibt die *Geiger-Nuttall*-Beziehung als Zusammenhang zwischen Zerfallskonstante und Zerfallsenergie einen fundamentalen Sachverhalt, der zu zahlreichen Erklärungsversuchen herausforderte, aber erst 1928 im Rahmen der wellenmechanischen Zerfallstheorie verstanden werden konnte. Ungeachtet später entdeckter Feinheiten gilt die Geiger-Nuttall-Beziehung in einem Halbwertszeit-Bereich von 24 Zehnerpotenzen und ist damit (nach [7]) „in der Physik das Gesetz mit dem größten Gültigkeitsbereich".

Im Jahre 1912 folgte Geiger dem Angebot, ein Laboratorium für Radioaktivität an der Physikalisch-Technischen Reichsanstalt in Berlin-Charlottenburg zu leiten. Dort bestand eine seiner Hauptaufgaben in der Prüfung zahlreicher radioaktiver Präparate, doch blieb ihm hinreichend Zeit für die Forschung. Geiger widmete sich zunächst der Verbesserung des elektrischen Teilchenzählers:

Der Gasverstärkungsfaktor des ersten Zählers aus dem Jahre 1908 lag bei Werten von nur einigen 10^3, weil bei Vergrößerung der relativ niedrigen Zählrohrspannung unerwünschte Entladungen auftraten. Das Bemühen um eine höhere Gasverstärkung hatte 1912 noch in gemeinsamer Arbeit mit Rutherford zum sogenannten Kugelzähler geführt, der sich aber in seiner Wirkungsweise nicht reproduzieren ließ. Erst als Geiger 1913 dessen innere Kugelelektrode durch eine Spitze ersetzte, entstanden stabile Verhältnisse bei einer um mehrere Größenordnungen angestiegenen Empfindlichkeit, so daß sich erstmalig auch einzelne Betateilchen zählen ließen. Damit war ein wesentlicher Fortschritt in der Teilchenzählung erreicht. Der Spitzenzähler verdrängte die Szintillationstechnik und wurde bis zur Entwicklung des Geiger-Müller-Zählrohrs das wichtigste Nachweisinstrument der Kernphysik [8]. Um einen Einwand gegen den Spitzenzähler zu entkräften, ließ Geiger 1914 einen Alphastrahl zwei hintereinander angeordnete Zähler passieren und konnte durch ihr gleichzeitiges Ansprechen zeigen, daß sie tatsächlich die einzelnen Teilchen detektierten. Dies war das erste Koinzidenzexperiment bei einem Teilchennachweis.

Im November 1913 erhielt Geiger zwei Assistenten. Es waren *Walther Bothe*, für die „Alpha-Streuung" zuständig, und *James Chadwick*, der sich mit der Zählung von Beta-Teilchen zu befassen hatte. Chadwick entdeckte 1914 im Laboratorium Geigers das kontinuierliche Betaspektrum, das in ähnlicher Weise Anlaß und wichtigste experimentelle Stütze für die Theorie der Beta-Umwandlung wurde wie die Geiger-Nuttall-Beziehung hinsichtlich des Alpha-Zerfalls.

Nach längerer Unterbrechung durch Kriegsdienst und Gefangenschaft begann Geiger 1919 eine mehrjährige Untersuchungsreihe zur Präzisionsbestimmung der Reichweiten und Zerfallskonstanten aller bekannten Alphastrahler. Weitere Forschungen betrafen die Wechselwirkung von Alpha- und Betastrahlung mit Materie (gemeinsam mit Bothe) sowie ab 1923 (gemeinsam mit *Kolhörster*) die Höhenstrahlung. Als wichtigstes Ergebnis jener Jahre ist der historische „Versuch von Bothe und Geiger" zu betrachten:

Nachdem *A. H. Compton* das Wesen der seit langem bekannten inkohärenten Streuung von Röntgenstrahlen experimentell klar herausgeschält hatte, gaben er und gleichzeitig *P. Deybe* die bekannte Erklärung des Effektes. Zur Rettung der Wellenvorstellung entwickelten andererseits *Bohr*, *Kramers* und *Slater* 1924 eine Theorie, in der Energie- und Impulserhaltungssatz bei der Streuung nur im statistischen Mittel gelten sollten. Geiger und Bothe zeigten nun im April 1925, daß beim *Compton*effekt je ein Streustrahlungsquant und ein Rückstoßelektron mit hoher

Wahrscheinlichkeit gleichzeitig auftreten. Ihre Versuchsanordnung bestand aus zwei sich mit den Stirnflächen gegenüberstehenden Spitzenzählern, zwischen die der Primärstrahl geführt wurde. Der eine Zähler sprach nur auf die Sekundärphotonen an, der andere nur auf die Rückstoßelektronen. Es war dies in der Physik die erste Koinzidenzanordnung zum Nachweis zweier Teilchen (s. z.B. [15]). *Compton* und *Simon* bewiesen ebenfalls im Jahre 1925 die gleichzeitige Entstehung von Rückstoßelektronen und Streuphotonen anhand ihrer Richtungen. Beide Experimente, später mit verbesserter Technik wiederholt, bestätigten die Gültigkeit der Erhaltungssätze auch beim Einzelprozeß und dienten darüberhinaus als ausgezeichnetes Beispiel für die korpuskulare Natur des Lichts [9]. Nach *Laue* war die Physik vor einem Irrweg bewahrt.

Mitte der zwanziger Jahre begann Geiger eine umfangreiche publizistische Tätigkeit. Gemeinsam mit *Karl Scheel* gab er das 24bändige Handbuch der Physik heraus (1926 bis 1933) und übernahm 1936 die Herausgabe der Zeitschrift für Physik, die er durch strenge Zensur der eingesandten Beiträge zu hohem Niveau führte.

Von 1925 bis 1929 wirkte Geiger als Professor an der Universität Kiel. In diese Zeit fällt die Konstruktion des im Proportionalbereich arbeitenden damals so genannten *Geiger-Klemperer*-Zählers und des *Geiger-Müller*-Zählrohrs (beides 1928):

Bei Untersuchungen zur Wirkungsweise des Spitzenzählers erkannten Geiger und sein Assistent *Walter Müller* erstmals klar, daß die immer wieder beobachteten unregelmäßigen Stoßentladungen wenigstens teilweise von der schwachen Umgebungsstrahlung herrühren mußten und daher Ausdruck einer hohen Empfindlichkeit waren. In allen früheren Arbeiten (*Rutherford* und *Geiger* 1908, Geiger 1913, *Myssowski* und *Nesturch* 1914, *Hess* und *Lawson* 1916), hatte man versucht, den lästigen Nebeneffekt zu unterdrücken und damit die Empfindlichkeit niedrig gehalten [10]. Nun konnten Geiger und Müller in einer Anordnung mit Zähldraht statt Spitze und gegenüber dem Spitzenzähler vergrößertem Zählvolumen eine wesentliche Empfindlichkeitssteigerung demonstrieren. Da sich die Geiger-Müller-Zählrohre zudem einfach herstellen und handhaben ließen, faden sie schnell ein ausgedehntes Feld von Anwendungen. Im Jahre 1935 bewirkte *Trost* einen erheblichen Fortschritt mit der Einführung selbstlöschender Zählrohre, die z.B. in Koinzidenzschaltungen zahlreiche Entdeckungen auf dem Gebiet der Höhenstrahlung ermöglichten. *Geigers* und *O. Haxels* 1937 vorgeschlagene Verbesserung, die Löschsubstanz Alkohol durch Halogen zu ersetzen, sicherte den Zählrohren auch eine große technische Bedeutung.

Geiger war bestrebt, sämtliche Anwendungsmöglichkeiten des Zählrohrs zu nutzen, und dehnte nach seiner Berufung an die Universität Tübingen (1929) sein Arbeitsgebiet auf viele Bereiche der Strahlenphysik aus. Nach [14] tragen fast alle Publikationen jener Zeit lediglich die Namen der Schüler; Geigers Autorschaft ist nun nur noch in solchen Originalabeiten ausgewiesen, die die Höhenstrahlung betreffen. Letztere wurde nach der Entdeckung der kosmischen Schauer in seinem Institut (1931, vgl. [15]) Geigers bevorzugtes Forschungsthema.

1936 übernahm Geiger als Nachfolger von *Gustav Hertz* die Leitung des Physikalisch-Technischen Instituts der TH Berlin-Charlottenburg. Er hatte sich im Laufe der Jahre zu einem mitreißenden Dozenten entwickelt und erreichte in Vorlesungen und Vorträgen ein breites Publikum. Von seinen Mitarbeitern erwartete Geiger wöchentliche Fortschritte [16], wußte aber „die unvermeidliche Härte des wissenschaftlichen Lehrens" [14] durch sein warmherziges und vornehmes Wesen auszugleichen. Sein Hauptinteresse galt hier ebenfalls der Höhenstrahlung; zu den Forschungsthemen des Instituts gehörten aber auch künstliche Radioaktivität und Uranspaltung.

Seit Anfang der 40er Jahre litt Geiger an einer fortschreitenden rheumatischen Erkrankung, die wegen der Kriegsumstände nicht richtig behandelt wurde und ihn schließlich ans Bett fesselte. Zusätzlichen Belastungen bei Kriegsende ausgesetzt, starb Geiger am 24. Sept. 1945, wie Laue in seinem Nachruf formulierte, als ein nachträgliches Opfer des 2. Weltkrieges.

Für seine Verdienste hat Geiger zahlreiche Ehrungen empfangen, von denen hier die Verleihung der Hughes Medal (Royal Society), des Arrheniuspreises (Universität Leipzig), der Duddel Medal (Physical Society London) sowie die Mitgliedschaften in der Sächsischen und der Berliner Akademie der Wissenschaften genannt seien. Die Zuerkennung des Nobelpreises an *Walther Bothe* für die Anwendung der Koinzidenzmethode zur Analyse der kosmischen Strahlung (1954) verstand Bothe auch als Ehrung für Hans Geiger [19]. Viele Schüler Hans Geigers sind namhafte Physiker geworden. Sein Werk lebt nicht nur in ihrer Erinnerung (vgl. z.B. [16, 17]) oder in den heute noch weit verbreiteten Zählrohren fort, sondern gehört zum bleibenden Bestand der physikalischen Erkenntnis.

Geigers Arbeiten sind in [1] zusammengestellt. Näheres zur Wirkungsweise und zur Geschichte der von Geiger entwickelten Zähler findet man u. a. in [10—13] und der dort zitierten Literatur. Umfangreiches bibliographisches Material über Geiger einschließlich der Sekundär-Literatur vermittelt [15].

Eingegangen am 22. 3. 1985

Literatur

[1] *M. v. Laue*, Jahrbuch der Dt. Akad. d. Wiss. zu Berlin 1946 bis 1949. Berlin 1950, S. 150

[2] Festgabe der Stadt Neustadt a. d. Weinstraße zum 100. Geburtstag des Atomphysikers Hans Geiger. Neustadt 1982

[3] *E. Rutherford, H. Geiger*, Proc. Roy. Soc. **81** (1908) 141

[4] *О. А. Старосельская-Никитина*, История радиоактивности и возникновения ядерной физики. Москва: Изд. академии наук 1963

[5] *G. L. Trigg*, Experimente der modernden Physik. Berlin: Akademie-Verlag 1984

[6] *P. Brix*, Physik in unserer Zeit **13** (1982) 129

[7] *D. Kamke*, Einführung in die Kernphysik. Braunschweig/Wiesbaden: Friedr. Vieweg & Sohn 1979

[8] *W. Hauser*, PTB-Mitteilunngen **92** (1982) 415

[9] *E. W. Schpolski*, Atomphysik Teil I. Berlin: VEB Deutscher Verlag der Wissenschaften 1979

[10] *H. Kant*, Physik in der Schule 1978, 299

[11] *E. Fünfer, H. Neubert*, Zählrohre und Szintillationszähler. Karlsruhe: G. Braun 1959

[12] *E. Fenyves, O. Haiman*, Die physikalischen Grundlagen der Kernstrahlungsmessungen. Budapest: Akadémiai Kiadó 1965

[13] *S. Flügge* (ed.), Handbuch der Physik Band XLV. Berlin/Göttingen/Heidelberg: Springer 1958

[14] *E. Stuhlinger*, Zeitschr. f. Naturforschg. **1** (1946) 50

[15] *Th. J. Trenn* in: Dictionary of Scientific Biography, *J. Gillispie* (ed.). Scribner, N.Y. 1981

[16] *L. Herforth*, Spectrum **13** (1982) 10, 28

[17] *O. Haxel*, Phys. Blätter **38** (1982) 296

[18] *D. Hoffmann*, Spectrum **13** (1982) 9, VI

[19] Les Prix Nobel 1954, Stockholm 1954, S. 131

Isotopenpraxis **21** (1985) 9, S. 300 bis 305

Originalarbeiten

Anwendung eines ^{125}I-Progesteron-Radioimmunoassay für die Fertilitätskontrolle bei Kühen

H. Herzmann, A. Herzmann, H. Flentje, H. E. Schmidt

(Zentralinstitut für Isotopen- und Strahlenforschung der AdW der DDR, Bereich Strahlenquellen und Nuklearpharmaka)[1])

T. Barth, G. Hempel, K. Graeser

(Bezirksinstitut für Veterinärwesen Dresden)[2])

Es wurde ein ^{125}I-RIA für die Progesteronbestimmung in Rindervollmilch, -magermilch und -blutplasma entwickelt. Hinsichtlich seiner Spezifität, Präzision und guten Handhabung ist er für den Routineeinsatz besonders geeignet. In Feldversuchen zur Fertilitätskontrolle bei Kühen wurden erste Erfahrungen gesammelt. Nichttragende Kühe können von vermutlich tragenden bereits eine Zykluslänge nach der Besamung mit hoher Sicherheit unterschieden werden; die Grenzwerte werden angegeben. Dies ermöglicht die erwünschte zeitige Wiederbesamung solcher Tiere. Als eine Ursache vermeintlicher Fruchtbarkeitsstörungen in Rinderherden wurden Besamungen außerhalb des Östrus erkannt.

A ^{125}I-RIA for progesterone determination in cow skim milk, unskimmed milk and blood plasma was developed. Owing to its specificity, accuracy and easy management, it offers itself especially for routine work. First experience has been gained in field studies on fertility control of cows. Even early as one estrus cycle after insemination, non-pregnant cows can be discerned from presumably pregnant ones with a high degree of certainty. This renders possible the desirable soon reinsemination of such cattle. Insemination outside the estrus cycle was found to be one reason for supposed fertility disturbances.

Keywords

blood plasma; cows; domestic animals; estrous cycle; fertility; iodine 125; milk; progesterone; radioimmunoassay

1. Einführung

Die Bestimmung von Sexualhormonen bei landwirtschaftlichen Nutztieren hat durch die Einführung des Radioimmunoassay (RIA) für die praktische zuchthygienische Arbeit in den Herden und die Klärung fortpflanzungsphysiologischer und -pathologischer wissenschaftlicher Fragestellungen eine große Bedeutung erlangt. Unmittelbare Anwendung in der Praxis vor allem für die Kontrolle des Konzeptionserfolges findet mittlerweile weltweit die Bestimmung des Gelbkörperhormons Progesteron beim Rind [1].

Im Verlauf eines Zyklus von 21 $\pm$ 2 d kommt es zu Anbildung und Abbau des Corpus leteum (Gelbkörper), der beim Rind vorrangig für Synthese und Sekretion des Progesterons verantwortlich ist. Die Besamung erfolgt am Zyklustag „0“ zum Zeitpunkt der Brunst bzw. Ovulation, charakterisiert durch niedrige Progesteronwerte: Der Basisspiegel liegt zu diesem Zeitpunkt $< 3{,}2$ nmol/l Plasma. Im Verlauf des Zyklus steigen die Werte auf 19–30 nmol/l und fallen etwa ab 17. Zyklustag steil ab. Dieser Abfall ist charakteristisch für einen physiologischen Verlauf des Zyklus (Abb. 1). Bei Nachweis von Progesteron-Basiswerten am Tag der Besamung kann mit einer Konzeption gerechnet werden, bei Übersteigen eines bestimmten Grenzwertes nicht mehr, weil außerhalb des Östrus besamt wurde. Werden am Tag 21 (19–24) nach der Besamung wiederum Progesteronbasiswerte gemessen, kann eine Konzeption mit nahezu 100%iger Sicherheit ausgeschlossen werden. Andererseits sind Progesteronwerte, die in o. g. Höhe um den Tag „21“ verbleiben, ein sicherer Hinweis auf anhaltende Funktion des Gelbkörpers und gehen mit etwa 80%iger Sicherheit mit einer Trächtigkeit einher [2]. Falsch positive Ergebnisse im Sinne des Trächtigkeitsnachweises (d. h. erhöhte Progesteronwerte ohne Trächtigkeit) kommen bei physiologischen und pathologischen Veränderungen der Zykluslänge, embryonalem Fruchttod und Besamung außerhalb der Brunst vor. Nichttragende Tiere lassen sich jedoch schon 1 Zykluslänge nach der Besamung feststellen und können umgehend der Wie-

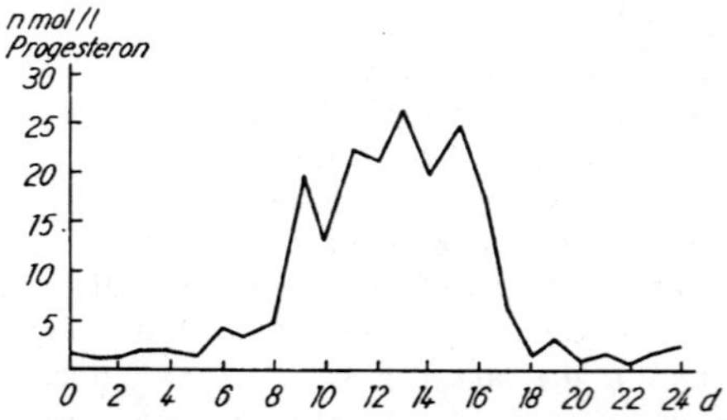

Abb. 1. Spiegelwerte des Progesterons während des Zyklus im Plasma

Anschriften: ¹) DDR-1115 Berlin-Buch, Robert-Rössle-Straße 10; ²) DDR-8060 Dresden, Jägerstraße 10

derbesamung zugeführt werden. Dies ist von Bedeutung, weil mit Hilfe des Progesterontests festgestellt wurde, daß ca. 20–40% der nichttragenden Kühe durch herkömmliche Methoden der Brunstkontrolle erst zu einem wesentlich späteren Zeitpunkt erkannt werden. Bei solchen Tieren kann die volkswirtschaftliche Forderung „pro Kuh und Jahr 1 Kalb" nicht eingehalten werden [3–6].

Die Anwendung der Progesteronbestimmung für die Fortpflanzungsüberwachung in Rinderherden bringt bedeutende ökonomische Vorteile, die vorwiegend in der Verkürzung des Intervalls zwischen der Geburt von 2 Kälbern bestehen (Zwischenkalbezeit). Es kann damit gerechnet werden, daß die Zwischenkalbezeit von 5–20% der in die Untersuchung einbezogenen Kühe um etwa 20 Tage gesenkt wird [7–9]. Außer der Kontrolle des Konzeptionserfolges und des Besamungszeitpunktes gibt es eine Reihe weiterer Anwendungsgebiete für den Progesteron-RIA, deren Gesamtheit unter dem Begriff Reproduktions- oder Fertilitätskontrolle zusammenfaßbar ist [10].

Für die breite Anwendung der Analysenmethode ist die leichte Zugänglichkeit des Untersuchungsmaterials wichtige Voraussetzung. Da die Progesteronkonzentrationen in Blut und Milch hochsignifikant korrelieren [4, 11, 12], wird der Test vorzugsweise mit Milch vorgenommen. Lediglich bei Färsen ist man auf die Bestimmung des Hormons im Blut angewiesen.

Bei den anderen landwirtschaftlichen Nutztieren (Pferd, Schwein und Schaf) erfolgt die hormonale Regulation prinzipiell ähnlich. Für die Klärung fortpflanzungsphysiologischer und -pathologischer Fragestellungen ist die Progesteronbestimmung im Serum bei diesen Tierarten ebenso unentbehrlich geworden wie beim Rind. Die routinemäßige Anwendung im Sinne einer Fertilitätskontrolle ist auf Grund der schwereren Zugänglichkeit des Untersuchungssubstrates bei diesen Tierarten jedoch nicht zu erwarten.

2. Entwicklung von Progesteron-RIAs

2.1. *Allgemeines*

Die ersten Progesteron-RIAs arbeiteten mit ^{3}H-markiertem Tracer [13–15]. Später traten Systeme mit ^{125}I mehr in den Vordergrund, speziell gefördert durch Arbeiten von *Jeffcoate*, *Hunter*, *Nars* und *Cameron* [16–18]. Im Prinzip sind beide Tracer anwendbar, sie haben ihre spezifischen Vor- und Nachteile, die u. a. von *Jeffcoate* [16] zusammengefaßt wurden. Wichtigste Vorteile der Iodtracer sind hohe spezifische Aktivität und einfache präzise Messung. Dem stehen an Nachteilen begrenzte Nutzungsdauer wegen der kürzeren Halbwertszeit (HWZ = 60 d) und z. T. höhere Affinität zwischen Antiserum und Tracer als zwischen Antiserum und nicht markiertem Hormon gegenüber. Letzteres erschwert die Kompetition mit Probemolekülen und macht die Systeme häufig unempfindlicher. Ursache dieses Verhaltens ist die noch um die Carboxymethyloximbrücke erweiterte strukturelle Ähnlichkeit zwischen Immunogen und Tracer (Abb. 2). Dieser Nachteil kann jedoch durch Auswahl eines geeigneten Antiserums behoben werden.

Das Steroidmolekül bietet eine ganze Reihe von Positionen zur Anknüpfung der mit Radioiod zu markierenden Gruppe. Da auch die Bindung des für die Immunogenität notwendigen Proteinmoleküls an das Hapten an verschiedenen Positionen erfolgen kann, resultieren sowohl homologe (Bindungen an gleicher Position) als auch heterologe

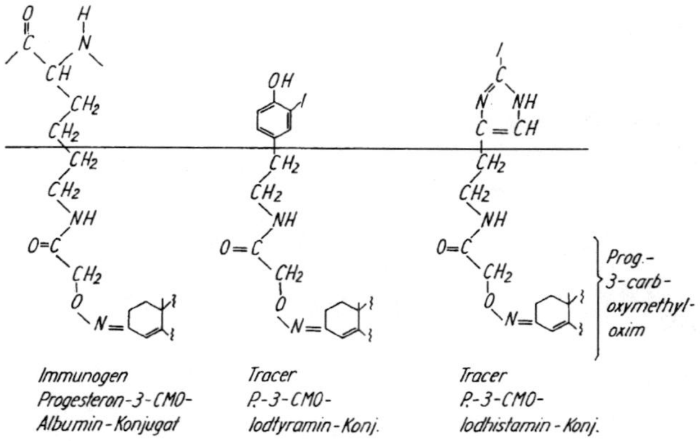

Abb. 2. Strukturelle Ähnlichkeit zwischen Progesteron-Tracern und Immunogen

(Bindungen an differenten Positionen) Systeme [19]. Für die eigenen Untersuchungen wurden als Tracer in 3- bzw. 11-Position mit Tyramin oder Histamin konjugierte Derivate, die mit ^{125}I markiert waren, verwendet. Die Antiseren (AS) wurden mit Progesteron-Albumin-Konjugaten (Position 3 bzw. 11) in Kaninchen erzeugt.

Von den verschiedenen heterologen bzw. homologen RIA-Systemen waren sowohl 3-AS/3-Tracer-Systeme als auch 11-AS/11-Tracer-Systeme brauchbar. Aus praktischen Gründen (Spezifität, Empfindlichkeit) arbeiteten wir vorwiegend mit einem 3-AS kombiniert mit einem 3-Histamintracer.

2.2. *Materialien*

2.2.1. ^{125}I-Progesteron-Tracer. Radioiodierte Progesteron-Tracer wurden bisher für den Aufbau der verschiedensten RIA-Systeme entweder durch Kopplung von ^{125}I-markiertem Histamin an das Progesteronmolekül in den Positionen 11α [17, 18, 20] sowie 3 [18, 20, 21] und 20 [22] mittels Hemisuccinat- bzw. (O-Carboxymethyl)-oxim(CMO)-Brücken hergestellt (*Nars-Hunter*-Verfahren) oder durch nachfolgende ^{125}I-Einführung in aromatische Molekülgruppen enthaltende Progesteron-Derivate. Bei den aromatischen Molekülgruppen handelt es sich um die ein 4-Hydroxyphenyl-System aufweisenden Verbindungen Tyrosinmethylester [22–24], Tyramin [22, 25] und 4-Hydroxyphenylpropionsäure [17] sowie um die Imidazolyl-Verbindung Histamin [22], die über die Positionen 3 [22, 24, 25], 6β [24], 11α [17, 22–25], 12 [22] oder 20 [24] mit dem Progesteronmolekül verknüpft werden.

Wir synthetisierten die Tyramin- bzw. Histamin-Konjugate über das Progesteron-3-(carboxymethyl)-oxim (Progesteron-3-CMO), das nach dem etwas modifizierten Verfahren von *Janoski* [26] aus dem Progesteron-3-(N-pyrrolidyl)-enamin durch Umsatz mit Carboxymethylhydroxylamin in methanolischer Lösung erhalten wurde. Das Progesteron-3-CMO wurde mit Chlorameisensäureisobutylester in Gegenwart von Tri-n-butylamin in das „gemischte Anhydrid" und dieses unverzüglich durch Zugabe von Tyramin · HCl bzw. Histamin · 2 HCl nach aminolytischer Spaltung in das entsprechende Progesteron-3-CMO-Konjugat überführt (Abb. 3). Die säulen- und dünnschichtchromatographische Reinigung des Tyramin-Derivats ergab zwei Komponenten mit unterschiedlichen Schmelzpunkten (176 °C und 152 °C). Die Verbindungen wiesen identische Massenspektren auf; offenbar handelt es sich um die noch nicht beschriebenen syn/anti-Isomeren des

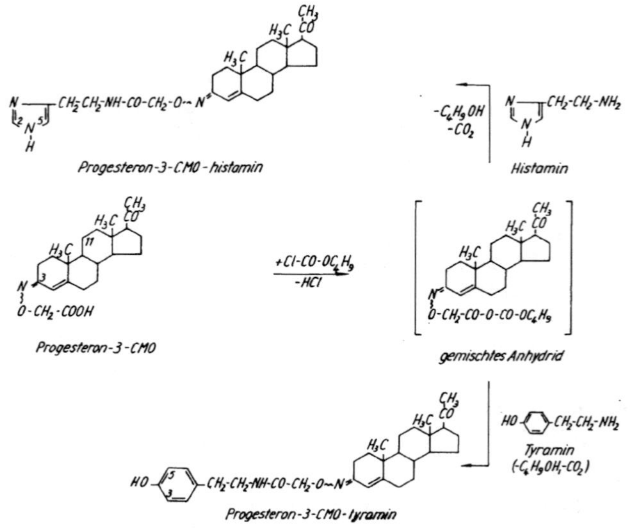

Abb. 3. Synthese der für die Iod-Markierung erforderlichen Histamin- und Tyramin-Konjugate des Progesterons

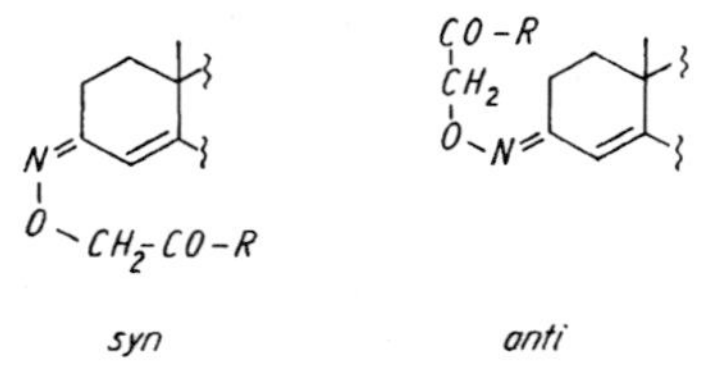

Abb. 4. Syn- und Anti-Isomere des Progesteron-3-CMO-tyramins

Progesteron-3-CMO-tyramins (Abb. 4). Bezüglich der immunologischen Bindungseigenschaften konnten wir keine Unterschiede feststellen. Das Histamin-Derivat wurde ebenfalls schichtchromatographisch gereinigt und massenspektrometrisch untersucht.

Die Radioiodierung der Histamin- bzw. Tyramin-Progesteron-Konjugate wurde nach einer modifizierten Chloramin-T-Methode bei Raumtemperatur durchgeführt. Der Eintritt des Iods in das Histamin erfolgt in 2- bzw. 2,5-Stellung, in das Tyramin in 3- bzw. 3,5-Stellung (Mono- bzw. Di-Iodverbindung). Um einen ^{125}I-Tracer hoher spezifischer Aktivität zu erhalten, wurde ^{125}I-Natriumiodid mit einer spezifischen Aktivität von mindestens 50 TBq je mmol eingesetzt. Da die Konjugate in Wasser nur wenig löslich sind, gingen wir von einer methanolischen Stammlösung aus (Konz. 200 µmol/l). 50 µl Stammlösung (10,0 nmol; 4,8 µg) wurden mit 20 µl Na^{125}I (ca. 0,8 nmol; 40 – 60 MBq) und 10 µl Chloramin T (178 nmol; 50 µg; in 0,1 M Phosphatpuffer pH 7,4) versetzt. Nach 60 Sekunden wurde die Reaktion durch Zugabe von 10 µl β-Merkaptoäthanol (715 nmol; in 0,1 M Phosphatpuffer pH 7,4) gestoppt. Der papierelektrophoretisch oder dünnschichtchromatographisch bestimmte Iodeinbau lag zwischen 80 und 95%.

Das in den Feldversuchen ausschließlich verwendete monoiodierte ^{125}I-Progesteron-3-CMO-histaminkonjugat wurde anfangs durch präparative Dünnschichtchromatographie auf Silufol-Fertigplatten unter Verwendung von Chloroform-Methanol-Gemischen separiert, nachdem die organischen Markierungsprodukte mit Äther aus dem Markierungsgemisch extrahiert waren. Die dem monoiodierten Progesteronderivat entsprechende Hauptradioaktivitätszone wurde unter Zugrundelegung einer autoradiographischen Abbildung aus dem Chromatogramm herausgeschnitten und mit Äthanol eluiert. Die radiochemische Reinheit der auf diese Weise präparierten Tracer war ≧ 98%, ihre spezifische Aktivität lag in Abhängigkeit von der spezifischen Aktivität des verwendeten Na^{125}I zwischen 48 und 68 TBq/mmol. Papierelektrophoretische und dünnschichtchromatographische Stabilitätsuntersuchungen der bei 2 – 4 °C aufbewahrten äthanolischen Tracerlösungen ergaben im Verlauf einer mehr als 6monatigen Lagerzeit nur unwesentliche Veränderungen der radiochemischen Reinheit. Voraussetzung für die hohe Tracerstabilität war allerdings die quantitative Abtrennung der bei der Radioiodierung stets als Nebenprodukt gebildeten Diiodverbindung, bei der als Folge des radioaktiven Zerfalls eines Iodatoms gleichzeitig das zweite im Molekül befindliche Iodatom abgespalten wird. Für die routinemäßige Herstellung eines ^{125}I-Tracers erwies sich die säulenchromatographische Abtrennung (Kieselgel 100; Fa. Merck) des monoiodierten Derivates als einfacher. Die Elution erfolgte mit einem Fließmittelgemisch Chloroform:Methanol = 100:4. Um reproduzierbare Trennergebnisse zu erhalten, war es erforderlich, Stabilisierungshilfsmittel und Alkoholzusätze aus dem Chloroform durch mehrmaliges Ausschütteln mit Wasser zu entfernen und frisch destillierte Lösungsmittel einzusetzen. Für die Trennungen verwendeten wir Glassäulen (Durchmesser 0,53 cm, Höhe ca. 58 cm) mit einem Gelbettvolumen von etwa 12,5 ml. Das Markierungsgemisch wurde ohne vorherige Ätherextraktion auf die Kieselgelsäule aufgegeben.

Die Diiodverbindung eluierte zuerst, deutlich abgetrennt vom monoiodierten Derivat. Von den ausgewählten Sammelfraktionen wurde das Lösungsmittelgemisch ohne Zeitverzug unter vermindertem Druck abgedunstet und der Rückstand in Äthanol aufgenommen. Durch spektralphotometrische Messungen wurde gefunden, daß das nicht radioiodierte Progesteron-3-CMO-histaminkonjugat erst 15 – 20 Fraktionen nach der Monoiodverbindung eluiert.

Die radiochemische Reinheitskontrolle erfolgte dünnschichtchromatographisch auf 12 mm breiten Silufol-Streifen in *Jäger*-Röhrchen mittels Chloroform:Methanol = 20:3; Iodid verblieb am Start. Das monoiodierte Progesteron-3-CMO-histaminkonjugat erschien als scharfer Fleck bei $R_f = 0{,}35 - 0{,}45$. Die Diiodverbindung trat als Doppelfleck bei $R_f = 0{,}63 - 0{,}69$ und $0{,}74 - 0{,}79$ auf. Die radiochemische Reinheit des säulenchromatographisch abgetrennten monoiodierten ^{125}I-Progesteron-3-CMO-histaminkonjugates war stets ≧ 95%.

2.2.2. Anti-Progesteron-Antiseren. Die Synthese der für die Gewinnung von Antiseren notwendigen Progesteron-Protein-Konjugate erfolgte durch Kopplung an Rinder-Serumalbumin (RSA). Progesteron-3-CMO (0,5 mmol) wurde nach der Mischanhydrid-Methode unter Verwendung von Chlorameisensäureisobutylester (0,53 mmol) und Tri-n-butylamin (1 mmol) mit 0,01 mmol RSA umgesetzt. Nach Reinigung durch Dialyse und Umfällen wurden spektralphotometrisch 24 Progesteronmoleküle pro RSA-Molekül bestimmt. Das 11-Konjugat entstand entsprechend aus 11α-Hydroxyprogesteron-hemisuccinat und enthielt 32 Progesteronmoleküle pro Molekül RSA.

Die Immunisierung der Kaninchen[3]) erfolgte in Anlehnung an die Methode von *Vaitukaitis* [27], wobei AS mit

[3]) Dem Forschungszentrum für Tierproduktion Dummerstorf der AdL der DDR, Bereich Fortpflanzung (Direktor: Prof. Dr. habil. *I. König*) danken wir für die Immunisierung und Gewinnung der Antiseren.

Titern bis 1:60000 erhalten wurden. Für die Selektion der AS war neben dem Titer die Spezifität wesentliches Kriterium. Die Kreuzreaktivität des von uns ausgewählten „besten" AS ist in Tab. 1 dargestellt.

Tab. 1. Kreuzreaktivität [%] bezogen auf Progesteron (4-Pregnen-3,20-dion) = 100%

5α-Pregnan-3,20-dion	6,7
5β-Pregnan-3,20-dion	2,7
5α-Pregnan-3β-ol-20-on	2,2
4-Pregnen-11α-ol-3,20-dion	1,9
5-Pregnen-3β-ol-20-on	1,2
4-Pregnen-17α-ol-3,20-dion	1,0
5α-Pregnan-3α-ol-20-on	0,7
5β-Pregnan-3α,6α-diol-20-on	alle < 0,1
Cortisol	
Cortison	
Corticosteron	
Cortexon	
Testosteron	
Estradiol	
4-Androsten-3,17-dion	
5-Androsten-3β-ol-17-on	

2.2.3. Standard und Standardmedien. Als Standard diente ein Präparat des VEB Jenapharm (Ch. 600 375); Fp. 128–132 °C. Die Zusammensetzung der Standardmedien richtete sich nach dem Probenmaterial (Tab. 2).

Tab. 2. Standardmedien und Standardkurvenbereiche in Abhängigkeit vom Probenmaterial

Proben	Standardmedium	Bereich der Standardkurven nmol/l
Plasma*)	Puffer	1,0–32
Vollmilch**)	Äthanol:H_2O = 4:1	2,0–128
Magermilch	Magermilch von ovarektomierten Kühen	0,5–32

*) Pentan-Extraktion; in Puffer gelöste Eindampfrückstände
**) Äthanol-Extraktion; Überstände nach Zentrifugation

Der Puffer hatte folgende Zusammensetzung: 0,05 M Phosphat, 0,01 M EDTA, 0,1% NaN_3, 0,1% Human-Serumalbumin (HSA), *p*H 7,4. Zusatz von HSA zum Puffer verminderte die unspezifische Adsorption des Hormons an Teströhrchen und Pipettenspitzen. Bei Verwendung von Teströhrchen aus Glas lag die nichtspezifische Bindung bei 2–3% der Totalaktivität.

In Tab. 2 ist der Bereich der Standardkurven aufgeführt, der den physiologischen Hormonkonzentrationen in den verschiedenen Probenmaterialien angepaßt wurde.

2.3. Der optimierte Test

2.3.1. Durchführung. Die Kombination eines 3-Progesteron-AS (mit 3-Progesteron-Konjugat erzeugt) mit 3-Progesteron-Tracer (Histamin in 3-Position gekoppelt) ergab ein spezifisches und empfindliches RIA-System.

Vor dem Assay wurde das Hormon aus Serum- oder Plasmaproben (0,5 ml) mit 2 × 3 ml Pentan oder Petroläther extrahiert. Nach Ausfrieren der wäßrigen Phase in Trockeneis/Aceton wurde die organische Phase dekantiert, im Wasserbad zur Trockne eingedunstet und der Rückstand in Assaypuffer aufgenommen. Der Extraktionsgrad lag durchschnittlich bei 90%.

Magermilchproben bedurften keiner besonderen Probenvorbereitung; jedoch wurde hier den Standards eine entsprechende Menge „Null"-Magermilch zugesetzt, um gleiche Zusammensetzung von Standards und Proben zu sichern.

Vollmilchproben wurden im Wasserbad auf 37 °C erwärmt und zur homogenen Verteilung des Fettes gut geschüttelt. Es wurden sofort 0,5-ml-Aliquote abpipettiert und nach Zugabe von 2 ml Äthanol (96% unvergällt) kräftig geschüttelt. Nach Zentrifugieren erfolgte die Progesteron-Bestimmung aus dem Überstand.

Zur Einsparung von Pipettierschritten wurden folgende Reagenzien kombiniert: Tracer (25 fmol pro Probe) und präzipitierender Antikörper (Antikaninchenglobulin aus Ziege) waren in Reagenzienlösung I enthalten. Reagenzienlösung II bestand aus Anti-Progesteron-AS und dem für die Doppelantikörper-Fällung notwendigen Normalkaninchenserum.

Probenspezifische Bindung und Fällungsreaktion liefen nebeneinander ab; bei großen Serien haben wir eine mindestens 16stündige Reaktionszeit (d. h. über Nacht) eingehalten, dadurch brauchte nicht mehr auf Zeitgleichheit für alle Proben geachtet zu werden. Für den Assay mit Vollmilchproben pipettierten wir zu 50 µl Extraktionsüberstand (bzw. Standard) 500 µl Reagenzienlösung I und 500 µl Reagenzienlösung II. Nach Stehen über Nacht wurden die Proben zentrifugiert, die Überstände abgesaugt oder dekantiert und die Sedimente 0,5–2 min in einem Gammacounter gemessen. Die Auswertung erfolgte nach einem der für RIAs üblichen Verfahren.

2.3.2. Präzision, Empfindlichkeit und Richtigkeit. Serielle und zeitabhängige Präzision sind in Tab. 3 aufgeführt. Für die Abschätzung der Empfindlichkeit wurde die untere Nachweisgrenze als 3fache Standardabweichung des B_0-Wertes (B_0 − 3 s) herangezogen. Auch der 50-%-Interceptpoint (50% B/B_0) der Standardkurven läßt Rückschlüsse auf die Empfindlichkeit des Systems zu. Die entsprechenden Daten sind in Tab. 4 zusammengestellt. Es ist zu berücksichtigen, daß die Tests nicht auf maximale Empfindlichkeit, sondern auf optimale Diskrimination eingestellt wurden.

Für die Beurteilung der Richtigkeit wurden „Richtigkeitsseren" der Fa. Byk-Mallinckrodt, deren Steroidhormone massenspektrometrisch bestimmt sind, herangezogen: Steroid I (deklarierter Wert ±2 s: 2,20 ± 0,15 nmol/l) – Wiederfindung 115%; Steroid II (deklarierter Wert ±2 s: 8,74 ± 0,39 nmol/l) – Wiederfindung 104%. Des weiteren wurden Verdünnungs- und Aufstockungsversuche

Tab. 3. Präzision des Assay

	n	$\bar{x}$ nmol/l	*s* %
Serielle Präzision			
Vollmilchprobe 1	20	0,43	18,6
Vollmilchprobe 2	20	1,17	9,8
Vollmilchprobe 3	20	21,9	6,2
Zeitabhängige Präzision			
Vollmilchprobe 4	34	1,31	25,4
Vollmilchprobe 5	56	2,37	18,3
Vollmilchprobe 6	60	20,8	15,3

Tab. 4. Empfindlichkeit

Probenmaterial	Probenmenge/Röhrchen	Nachweisgrenze (B_0 − 3 s)		50% B/B_0
	µl	fmol/Röhrchen	nmol/l	nmol/l
Plasma/Serum	50	25	0,5	3,8
Vollmilch	10	25	2,5	25,6
Magermilch	50	25	0,5	2,6

Tab. 5. Progesteron-Vollmilchwerte [nmol/l] bei 10 Kühen vor und nach Prostaglandin F 2α-Injektion

lfd. Nr.	Tag 0*)	1	2**)	3	4	5	6	7
1	33,4					1,7		
2	31,8				2,4			
3	60,4						2,9	
4	89,0							0,8
5	92,2						0,8	
6	54,1							4,1
7	127,2							2,7
8	127,2						4,5	
9	60,4							2,2
10	120,8						3,2	

*) Tag 0 = Tag der Diagnose „Gelbkörper"
**) Tag 2 = Injektion von Prostaglandin F 2α

durchgeführt. Bei Verdünnung lag die Wiederfindung zwischen 92 und 103%, bei Aufstockung zwischen 95 und 107%. Auch der Abfall der Progesteronwerte nach Prostaglandin F 2α-Injektion ist als ein Beweis für die Richtigkeit anzusehen (siehe Tab. 5).

3. Ergebnisse von Felduntersuchungen

Im folgenden wird über erste Ergebnisse von Felduntersuchungen berichtet. Eine ausführliche Darstellung der Anwendung des Milchprogesterontests (MPT) in sozialistischen Landwirtschaftsbetrieben erfolgt an anderer Stelle [28].

In vorangegangenen Untersuchungen mit einem ^{3}H-Progesteron-RIA [10] waren als Untersuchungsbedingungen für den Einsatz des MPT zur Fertilitätskontrolle bei Kühen ermittelt worden: Untersuchungssubstrat: Vollmilch aus dem Sammel- oder Endgemelk. Grenzwerte: richtiger Besamungszeitpunkt $\leqq$ 9,5 nmol/l, falscher Besamungszeitpunkt $>$ 9,5 nmol/l; nichttragend am Tag 21/22 nach künstlicher Besamung (KB) 0—19,1 nmol/l, vermutlich tragend am Tag 21/22 $>$ 19,1 nmol/l.

Im Interesse der raschen Einführung des MPT in die Routine wurden die bisher verwendeten Grenzwerte zunächst beibehalten und an Hand der klinischen Befunde der untersuchten Kühe überprüft. Die Felduntersuchungen wurden in 4 Milchproduktionsanlagen an einem zunächst begrenzten Tiermaterial durchgeführt. Ziel war die Prüfung der Handhabbarkeit des ^{125}I-RIA als Routinemethode zur Kontrolle der Einhaltung des richtigen Besamungszeitpunktes sowie des Konzeptionserfolges 1 Zykluslänge nach KB. Zu diesem Zweck wurden von Kühen am Tag der Besamung (= Tag 0) und dem Tag 21 oder 22 danach, sofern bei diesen Kühen zwischenzeitlich nicht erneut Brunst beobachtet wurde, Milchproben für die Progesteronbestimmung entnommen und mit der für Vollmilch beschriebenen Methode untersucht. Die Messung der Radioaktivität (^{125}I) erfolgte mit dem γ-Meßplatz NZ 322 der Fa. Gamma-Müveg, VR Ungarn. Die Ergebnisse der Kontrolle des Besamungszeitpunktes sind in Tab. 6 enthalten. Es ist ersichtlich, daß oberhalb des Grenzwertes von 9,5 nmol/l mit einer Konzeption nicht zu rechnen ist. Für die Aufklärung von vermeintlichen Fruchtbarkeitsstörungen in Rinderherden ist von Bedeutung, daß 10,3% der Kühe zu einem Zeitpunkt besamt wurden, an dem auf Grund des Zyklusstandes mit einer Konzeption nicht gerechnet werden kann.

Die Ergebnisse der weiteren Untersuchungen zur Kontrolle des Konzeptionserfolges sind in Tab. 7 und Abb. 5 dargestellt. Es ist ersichtlich, daß sich die Progesteronwerte nichttragender Kühe von tragenden am Tag 21/22 signifikant unterscheiden. Die Werte einzelner Kühe aus beiden Kategorien liegen sehr nahe am Grenzwert 19,1 nmol/l. Die Über- bzw. Unterschreitung kann in diesem Bereich bereits durch Laborfehler verursacht werden, so daß die Einrichtung eines Bereiches „zweifelhaft" z.B. zwischen 16 und 22 nmol/l zu erwägen ist. Diesem Problem kann durch die Verwendung von Magermilch aus dem Wege

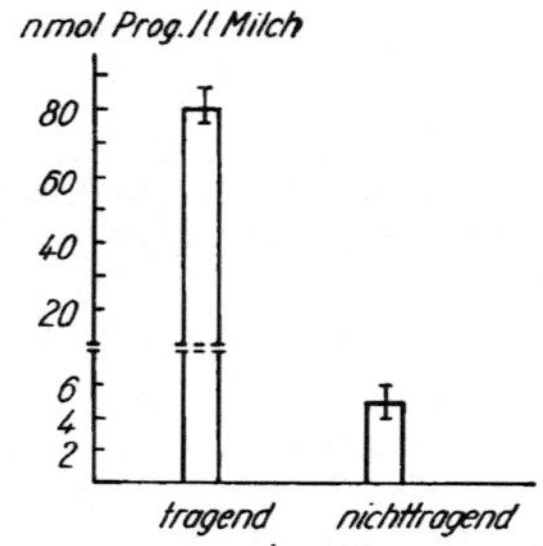

Abb. 5. Mittelwerte und Konfidenzintervalle von 292 tragenden und 131 nichttragenden Kühen

Tab. 6. Milchprogesteronwerte am Tag der Besamung, geordnet nach Konzeptionserfolg

≤ 9,5 nmol/l und konzipiert			≤ 9,5 nmol/l und nicht konzipiert			> 9,5 nmol/l und konzipiert	> 9,5 nmol/l und nicht konzipiert		
n	$\bar{x}$	*w**)	*n*	$\bar{x}$	*w*	*n*	*n*	$\bar{x}$	*w*
231	3,18	0,6; 9,5	338	3,5	0,6; 9,5	0	65 10,3 %	57,9	9,9; 254

*) Spannweite (größter und kleinster Einzelwert)

Tab. 7. Ergebnisse der Untersuchungen zum Konzeptionserfolg 21 Tage nach Besamung in 4 Kuhherden

richtig-positive Diagnosen Prog., nmol/l			falsch-positive Diagnosen Prog., nmol/l				richtig-negative Diagnosen Prog., nmol/l			falsch-negative Diagnosen	
n	$\bar{x}$	*w*	*n*	%	$\bar{x}$	*w*	*n*	$\bar{x}$	*w*	*n*	%
1113	97,9	19,7; 254	295	21,0	84,3	19,1; 312	485 davon 164 ≙ 33,8 % zusätzlich durch den MPT erkannt!	6,4	0,6; 18,4	5	1,02

Empfindlichkeit des Tests: 0,79

Spezifität des Tests: 0,99
Konfidenzintervalle (α = 0,05): 0,32—2,34 [29]

gegangen werden. Ein Teil der Variation des Progesterongehaltes wird durch den Fettgehalt der Milch verursacht [30—33]. Von Bedeutung ist ferner, daß die Diagnose „nicht konzipiert" in Übereinstimmung mit der Literatur und eigenen Untersuchungen mit einem ^{3}H-Progesteron-RIA nahezu 100%ig sicher ist. Die Spezifität der Methode, definiert als Wahrscheinlichkeit „Test negativ", liegt bei 0,99, das 0,95-Konfidenzintervall bei 0,32—2,34, d. h., mit einer Wahrscheinlichkeit von 0,95 wird der Anteil falsch-negativer Beurteilungen bei dem gewählten Quantil als Grenzwert zwischen 0,32 und 2,34% liegen. In 5 Fällen wurden falsch-negative Diagnosen gestellt. Bei 2 dieser Kühe konnte ermittelt werden, daß zum Zeitpunkt der Probenentnahme eine Euterentzündung vorlag. Bei Eutererkrankungen ist mit einer Verfälschung des Untersuchungsergebnisses zu rechnen [34]. Die Ursachen für die drei restlichen falsch-negativen Ergebnisse konnten nicht ermittelt werden, vermutlich lag Proben- oder Tierverwechslung vor.

Von besonderer praktischer Bedeutung ist, daß 33,8% der als nichttragend ermittelten Kühe durch die Brunstkontrolle der Tierpfleger und Besamungstechniker nicht erkannt wurden. Solche Tiere können durch den MPT zeitgerecht erkannt und einer raschen Wiederbesamung zugeführt werden. Der volkswirtschaftliche Nutzen besteht in der Verkürzung des Intervalles zwischen 2 Kälbergeburten und dadurch in Mehrproduktion an Milch und Kälbern.

Aus den Untersuchungsergebnissen ist weiterhin ersichtlich, daß in 21% der Fälle falsch-positive Diagnosen gestellt wurden. Die Ursachen hierfür sind bekannt, biologisch begründet und lassen sich nicht beseitigen. Auf die tierärztliche manuelle Graviditätsdiagnose kann deshalb nicht verzichtet werden, und es ist falsch, im Zusammenhang mit dem Milchprogesterontest von Frühträchtigkeitsnachweis zu sprechen. Die Bedeutung der Kontrolle des Konzeptionserfolges liegt im zeitigen Auffinden von durch Brunstkontrolle nicht erkannten nichttragenden Kühen und der Möglichkeit der Einleitung gezielter Maßnahmen zur Wiederbesamung solcher Tiere. Als eine Ursache vermeintlicher Fruchtbarkeitsstörungen wurden Besamungen außerhalb des Östrus erkannt. Hieraus lassen sich Maßnahmen zur Verbesserung der Brunstkontrolle und -feststellung durch Pflegepersonal und Besamungstechniker ableiten.

Eingegangen am 22. 8. 1984

Literatur

[1] *H. Karg*, Vortrag, Wissenschaftliche Gesellschaft für Veterinärmedizin der DDR, 30. 3. 1984 Berlin
[2] *T. Barth*, Tagungsberichte, Akademie der Landwirtschaftswissenschaften der DDR, Berlin **156** (1978) 47
[3] *O. Günzler, L. Korndörfer, H. Lohoff, R. Hamburger, B. Hoffmann*, Tierärztl. Umschau **30** (1975) 111
[4] *B. Hoffmann, O. Günzler, R. Hamburger, W. Schmidt*, Brit. Vet. J. **132** (1976) 469
[5] *U. Braun*, Schweizer Arch. Tierheilk. **120** (1978) 253
[6] *T. Barth, H. Taubert, G. Hempel, K. Graeser*, Arch. exper. Vet. med., Leipzig **38** (1984) 49
[7] *K. Hruska, A. Holub, Z. Veznik*, Vortrag, Wissensch. Konf. 25. 4. 1979 Brno/ČSSR
[8] *P. Humblot, M. Thibier*, Vortrag, 9. Intern. Kongr. für tier. Fortpflanzg. u. Besamung 16.—20. 6. 1980 Madrid/Spanien
[9] *T. Barth*, Vortrag, Wissenschaftl. Ges. f. Vet. med. der DDR, 15. 12. 1981 Berlin
[10] *H. Taubert, T. Barth, G. Hempel, K. Graeser*, Arch. exp. Vet. med., Leipzig **38** (1984) 37
[11] *G. E. Lamming, D. C. Bulman*, Brit. Vet. J. **132** (1976) 507
[12] *D. C. Bulman, G. E. Lamming*, Brit. Vet. J. **135** (1979) 559
[13] *G. E. Abraham, R. S. Swerdlow, D. Tulchinsky, W. D. Odell*, J. clin. Endocr. Metab. **32** (1971) 619
[14] *S. Furuyama, C. A. Nugent*, Steroids **17** (1971) 663
[15] *G. O. de Villa, K. Roberts, W. Wiest, G. Mikhail, G. Flickinger*, J. clin. Endocr. Metab. **35** (1972) 458
[16] *S. L. Jeffcoate*, J. Path. Biol. **23** (1975) 903
[17] *W. H. Hunter, P. W. Nars, F. J. Rutherford*, in: Steroid Immunoassay. *E. H. D. Cameron, S. G. Hillier, K. Griffith* (eds.). Alpha Omega Publ. Ltd., Cardiff 1975, 141
[18] *E. H. D. Cameron, S. E. Morris, J. J. Scarisbrick, S. G. Hillier*, Biochem. Soc. Transaction **1** (1973) 1115
[19] *R. Bienert, H. Flentje, H. Herzmann*, Radiobiol. Radiother. **20** (1979)420
[20] *J. J. Scarisbrick, E. H. D. Cameron*, J. Steroid Biochem. **6** (1975) 51
[21] *J. Z. Scott, F. Z. Stanczyk, U. Goebelsmann, R. Mishell*, Steroids **31** (1978) 393
[22] *R. M. Allen, M. R. Redshaw*, Steroids **32** (1978) 467
[23] *A. Massaglia, U. Barbieri, C. Sivi-Upathum*, Int. J. Appl. Rad. Isot. **24** (1973) 455
[24] *G. D. Niswender*, Steroids **22** (1973) 413
[25] *R. Malvano*, Hormone Res. **9** (1978) 422
[26] *A. H. Janoski*, Steroids **23** (1974) 49
[27] *J. Vaitukaitis, J. B. Robbins, E. Nieschlag, G. T. Ross*, J. clin. Endocr. Metab. **33** (1971) 988
[28] *T. Barth* u. Mitarb., Monatshefte Vet.-Med. (in Vorbereitung)
[29] Tabl. scientifiques Ciba-Geigy, 7. Aufl., Basel 1972
[30] *B. Hoffmann, R. Hamburger*, Zuchthyg. 8 (1973) 154
[31] *G. S. Pope, J. D. Leaver, I. Majzlik, P. J. H. Ball*, Agricult. Res. Counc. Res. Rev. **2** (1976) 49
[32] *R. B. Heap, R. J. Holdsworth, J. E. Gadsby, J. A. Laing, D. E. Walters*, Brit. Vet. J. **132** (1976) 445
[33] *M. Thibier, J. F. Fourbet, M. Parez*, Brit. Vet. J. **132** (1976) 477
[34] *M. Hoedemaker*, Vet. Med. Diss., Hannover 1982

Isotopenpraxis **21** (1985) 9, S. 305

Buchbesprechung

Chemie in Kraftwerken

Hrsg.: R. Winkler. Leipzig: VEB Deutscher Verlag für Grundstoffindustrie 1984. 247 S., 133 Abb., 48 Tab., 142 Lit.; Leinen M 55,— (Ausland M 60,—)

Im vorliegenden Buch werden die Verbrennung fossiler Primärenergieträger, die Kernspaltung, die Chemie des Betriebsmittels Wasser unter Kraftwerksbedingungen, die Korrosion der Konstruktionswerkstoffe, die Chemie der Kreisläufe, Wasserreinigung, Abwasserbehandlung und chemische Betriebsüberwachung behandelt.

Es ist ein besonderer Vorzug dieses Buches, daß der Bogen von den naturwissenschaftlichen Grundlagen bis zur technischen Realisierung gespannt wird und daß bei allen Unterschieden zwischen Braunkohlen- und Kernkraftwerken die im Verhalten des Wassers bei hohen Temperaturen und Drücken und seiner Wechselwirkung mit den Konstruktionswerkstoffen begründeten Gemeinsamkeiten ausgedrückt werden.

Die auf den jeweiligen Fachgebieten langjährig tätigen Autoren richten das Buch in erster Linie an Kraftwerksingenieure und Studenten. Es ist sicher, daß eine Vielzahl von Chemikern, die in ihrer Tätigkeit bisher nur mit einem hier dargestellten Teilgebiet konfrontiert waren, diese umfassende Darstellung mit Dankbarkeit aufnehmen werden.

S. Niese

Isotopenpraxis 21 (1985) 9, S. 306 bis 309

Endocrinological Disturbances in Diabetic Retinopathy

A. A. Hafiez[1]), *E. Shalaby*[2]), *H. Atia*[3]), *M. A. Abdel-Hafez*[1]), *A. B. Hammad*[2])

([1]) Biochemistry Dept., [2]) Int. Medicine Dept., and [3]) Ophthalmology Dept., Kasr El-Aini Faculty of Medicine, Cairo University)

Microvascular complications of diabetes mellitus were extensively studied from many aspects. The aim of this work was to elucidate the possible interplay of insulin, glucagon, prolactin, growth hormone, T_3, and T_4 in pathogenesis of diabetic retinopathy. Forty patients with diabetic retinopathy (group II) and twenty age-matched control (group I) were investigated. Plasma levels of both insulin and glucagon were significantly elevated in group II vs group I, but other hormones were insignificantly changed. This work rolles-out the role might be played by T_3, T_4, growth hormone, and prolactin in the established cases with diabetic retinopathy.

Die mikrovaskulären Komplikationen des Diabetes mellitus wurden von vielen Aspekten her eingehend untersucht. Das Ziel dieser Arbeit bestand darin, die möglichen Wechselwirkungen von Insulin, Glukagon, Prolaktin, Wachstumshormon, T_3 und T_4 bei der Pathogenese der Diabetes-Retinopathie zu ermitteln. Vierzig Patienten mit Diabetes-Retinopathie (Gruppe II) und zwanzig altersmäßig übereinstimmende Kontrollpersonen (Gruppe I) wurden untersucht. Bei Insulin und Glukagon waren die Plasmaniveaus der Gruppe II gegenüber Gruppe I wesentlich erhöht, während bei den anderen Hormonen nur unwesentliche Veränderungen vorlagen. Diese Arbeit soll zeigen, welche Rolle T_3, T_4, Wachstumshormon und Prolaktin in festgestellten Fällen von Diabetes-Retinopathie spielen.

Keywords

diabetes mellitus; endocrine diseases; glucagon; insulin; 1th; peptide hormones; triiodothyronine

Introduction

Diabetic retinopathy has been reported to affect 25 to 53% of type I diabetes within 5–7 years of the onset of the diabetic state. After 15 years of the disease almost all diabetics have some evidence of the disease [1], severity of hyperglycaemia and prolonged duration seem to be the two main factors, but not age of the patient [2]. Prevalence of severe retinopathy has been reported to be more common in insulin-treated diabetics [3].

In this study, we grouped diabetic patients according to duration of the disease and mode of antidiabetic therapy to clarify the role that might be played by some hormones in the incidence of retinopathy.

Material and Methods

Sixty subjects were investigated, twenty healthy control (group I) and forty diabetics (group II) complicated with retinopathy (the background variety). The patients were interrogated for the duration of the disease. They stopped all forms of medicines three-days before the test, venous blood samples were taken after over-night fasting and two-hours after oral 50-gm glucose. Part of the samples was separated as plasma in presence of heparin and Trasylol for estimation of glucagon [4]. The other part of the blood samples were separated as serum for estimation of glucose by glucoseoxidase method [5] insulin [6] growth hormone [7], prolactin [8], T_3 [9] and T_4 [10]. The hormones were estimated by RIA technique using kits provided by Radio-Assay Systems Laboratories Inc. Calif. The kits used for estimation of the last two hormones were provided by the Kallstadt Laboratories Inc.

Subclassification of the diabetic (group II) into:

Group II-a: insulin-treated patients less than 15 years duration.

Group II-b: insulin-treated patients of more than 15 years duration.

Group II-c: orally-treated patients of less than 15 years duration.

Group II-d: orally-treated patients of more than 15 years duration.

The results were statistically analysed according to the "t" test. Insulin/glucagon, T_3/T_4, and growth hormone/prolactin ratios were calculated.

Results

Comparing the results of the diabetic groups with the healthy control group, insulin, glucagon, and glucose are increased in the former $P < 0{\cdot}001$ (Tab. 1 and 2; Fig. 1–4).

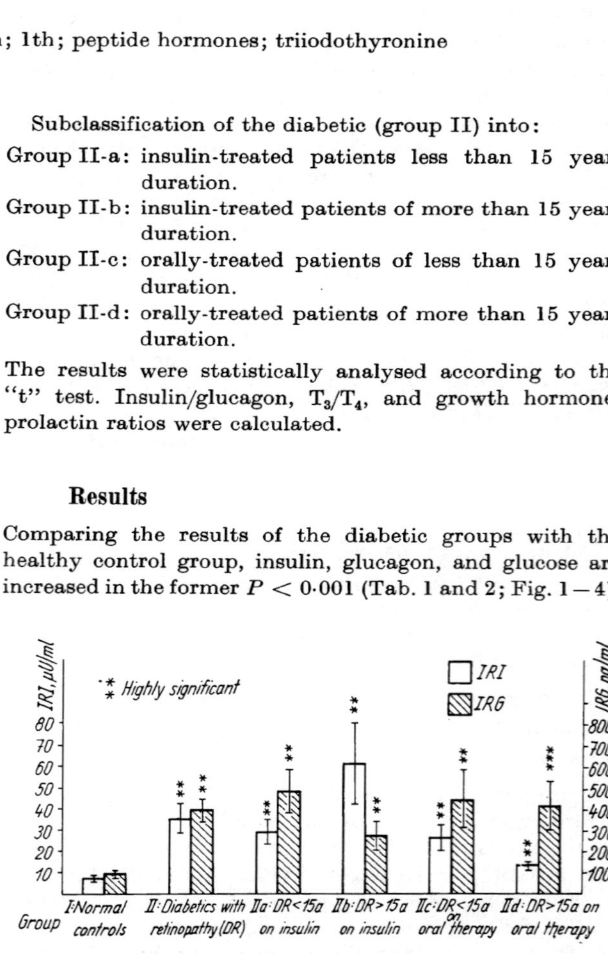

Fig. 1. Mean (± SEM) fasting plasma levels of IRI and glucagon in normal controls and diabetics with retinopathy

Tab. 1. Plasma levels of glucose, insulin (Ins), glucagon (Gln), growth hormone (HGH), prolactin (PRL), T_3 and T_4 in the healthy control (group I) and diabetic subjects with retinopathy (group II)

Group	Parameters	Glucose mg/dl		Ins	Gln	Ins/Gln	HGH	PRL	HGH/PRL	T_3	T_4	T_3/T_4
		Fas	2 h	µU/ml	pg/ml		ng/ml	ng/ml		µg/dl	µg/dl	
Control	Mean	80	96	7·6	101	0·09	2·5	10·8	0·32	87·9	12·5	7·2
$n = 20$	SDM	7·95	22·3	3·3	56·3	0·05	1·31	5·29	0·3	12·79	1·69	1·53
	SEM	1·77	5·0	0·74	6·81	0·01	0·29	1·18	0·07	2·86	0·38	0·35
Diabetic	Mean	229	349	36·3	400	0·18	3·2	19·2	0·35	88	12	80
Retinopathy	SDM	65·2	72·5	43·6	311·0	0·2	2·97	31·3	0·3	30·8	5·42	2·92
$n = 40$	SEM	10·18	11·47	6·6	48·6	0·04	0·5	4·89	0·06	4·81	0·85	0·15
	P	0·001	0·001	0·001	0·001	Ns	Ns	Ns	Ns	Ns	Ns	Ns

Tab. 2. Comparison of the mean values of the different biochemical parameters in the subgroups of diabetic retinopathy

Group		Glucose (F) mg/dl	Glucose (2h) mg/dl	Insulin µU/ml	Glucagon pg/ml	Insulin/glucagon ratio	T_3 ng/dl	T_4 µg/dl	T_3/T_4 ratio	hGH ng/ml	PRL ng/ml	hGH/PRL ratio
II:	Mean	229·0	349·0	36·3	400·0	0·18	88·0	11·93	8·07	3·19	19·20	0·35
Diabetics with	±S.D	65·21	72·57	43·6	311·02	0·23	30·8	5·42	2·92	2·97	31·34	0·37
retinopathy	±S.E	10·31	11·47	6·9	49·17	0·04	4·87	0·86	0·46	0·47	4·96	0·06
($n = 40$)												
IIa:	Mean	240	363·0	30·2	488·00	0·17	87·1	11·50	8·31	3·10	22·40	0·30
Diabetics (with	±S.D	59·15	80·98	19·25	330·87	0·22	19·51	4·95	2·59	3·06	45·96	0·20
retinopathy) of	±S.E	17·83	24·41	5·8	99·75	0·07	5·88	1·49	0·78	0·92	13·86	0·06
less than 15 a	P_1	N.S.	N.S.	N.S.	N.S.	N.S.	N.S.	N.S.	N.S.	N.S.	N.S.	N.S.
duration on insulin ($n = 11$)												
II b:	Mean	242·0	341·0	61·8	282·0	0·28	73·0	8·80	8·90	3·10	19·50	0·24
Diabetic (with	±S.D	75·74	90·87	67·68	232·65	0·32	34·54	4·48	3·62	3·49	20·28	0·25
retinopathy) of	±S.E	21·01	25·21	18·77	64·53	0·09	9·58	1·24	1·00	0·97	5·63	0·07
more than 15 a	P_1	N.S.	N.S.	N.S.	N.S.	N.S.	N.S.	< 0·025	N.S.	N.S.	N.S.	N.S.
duration on	P_2	N.S.	N.S.	N.S.	N.S.	N.S.	N.S.	N.S.	N.S.	N.S.	N.S.	N.S.
insulin ($n = 13$)												
II c:	Mean	210	350·0	27·3	450·0	0·13	109·1	16·6	6·64	3·4	26·00	0·51
Diabetics (with	±S.D	40·75	27·17	15·46	361·7	0·14	31·58	4·61	1·22	1·44	42·42	0·46
retinopathy) of	±S.E	15·4	10·27	5·84	136·7	0·05	11·93	1·74	0·46	0·54	16·03	0·17
less than 15 a	P_1	N.S.	N.S.	N.S.	N.S.	N.S.	N.S.	< 0·02	< 0·025	N.S.	N.S.	N.S.
duration on oral	P_2	N.S.	N.S.	N.S.	N.S.	N.S.	N.S.	< 0·001	< 0·05	N.S.	N.S.	N.S.
hypoglycaemics	P_3	N.S.	N.S.	< 0·05	N.S.	N.S.	< 0·025	< 0·001	< 0·05	N.S.	N.S.	N.S.
($n = 7$)												
II d:	Mean	210·0	342·0	13·9	422·0	0·08	94·1	13·3	7·71	3·20	9·40	0·43
Diabetics (with	±S.D	73·25	64·31	2·26	345·78	0·07	28·51	5·44	3·04	3·4	4·40	0·55
retinopathy) of	±S.E	24·42	21·44	0·75	115·26	0·02	9·5	1·81	1·01	1·13	1·47	0·18
more than 15 a	P_1	N.S.	N.S.	< 0·001	N.S.	< 0·025	N.S.	N.S.	N.S.	N.S.	< 0·05	N.S.
duration on oral	P_2	N.S.	N.S.	< 0·01	N.S.	N.S.	N.S.	N.S.	N.S.	N.S.	N.S.	N.S.
hypoglycalmics	P_3	N.S.	N.S.	< 0·01	N.S.	< 0·025	N.S.	< 0·05	N.S.	N.S.	< 0·05	N.S.
($n = 9$)	P_4	N.S.	N.S.	< 0·025	N.S.	N.S.	N.S.	N.S.	N.S.	N.S.	N.S.	N.S.

N.S.: not significant P_1: versus group II P_2: versus subgroup II a
P_3: versus subgroup II b P_4: versus subgroup II c

Thyroid hormones (T_3 and T_4) are increased in group II-c vs the control (group I) ($P < 0{\cdot}025$), and also vs group II and subgroup II-a & b (insulin-treated patients). Significant increase of T_4 is observed in subgroup II-d vs subgroup II-b (Tab. 2, Fig. 2).

Prolactin in subgroup II-d is lower than subgroup II-b ($P < 0{\cdot}05$) (Tab. 2, Fig. 3).

Insulin in subgroup II-d is decreased vs the subgroup II-a + b ($P < 0{\cdot}01$), and subgroup II-c ($P < 0{\cdot}025$) (Tab. 2, Fig. 1).

Other comparative studies showed no significant changes.

Discussion

Retina has the highest metabolic rate per gram than other tissues as measured by high oxygen demand and glycolytic activity [11]. Retinal vaculature lack sympathetic control and local blood flow is mostly regulated by local metabolic activities.

Glycosylated haemoglobin (HBAIC) that has higher affinity for oxygen than HBA, is increased with prolonged uncontrolled hyperglycaemia [12]. Decreased erythrocytic inorganic phosphate, in poorly regulated diabetes, in-

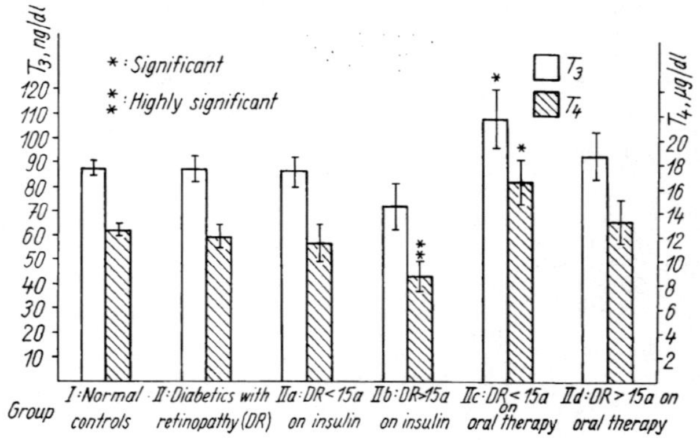

Fig. 2. Mean (± SEM) fasting plasma levels of T_3 and T_4 in normal controls and diabetics with retinopathy

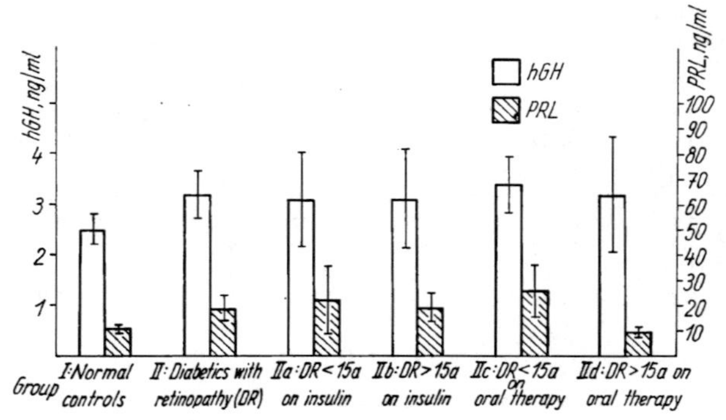

Fig. 3. Mean (± SEM) fasting plasma levels of hGH and PRL in normal controls and diabetics with retinopathy

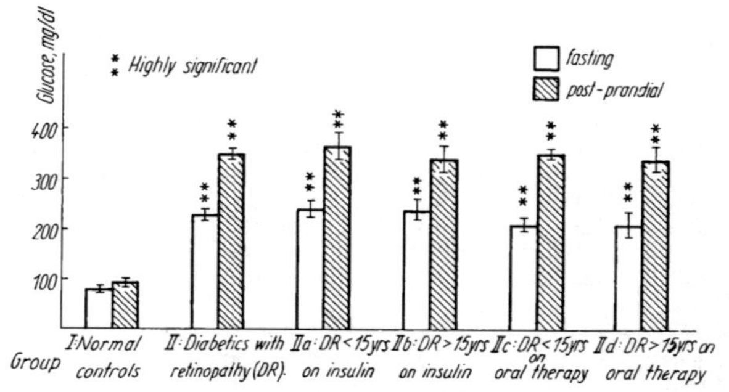

Fig. 4. Mean (± SEM) fasting and post-prandial plasma glucose levels in normal controls and diabetics with retinopathy

hibits intra-erythrocytic glycolytic process, thus impairing diphosphoglycerate production, with subsequent decreased oxygen delivery in peripheral tissues [11] and [13].

Some other factors as increased serum beta-N-acetyl-glucose amidinass which catalize glycoprotein formation [14], increased collagen production by fibroblasts [15] and sorbitol accumulation in retinal endothelial celle [16]. These factors may participate in developing micro-angiopathy in general, and retinopathy in particular.

Since, the hormones are the main metabolic regulators, this study is planned to clarify the role played by some hormones in occurrence of diabetic retinopathy. These hormones are growth hormone, prolactin, insulin, glucagon, T_3 and T_4.

Immunoreactive insulin (IRI) is highly significantly elevated in diabetics compared to the control subjects. Among the subgroups, IRI is significantly increased in insulin-treated patients (subgroups II-a and II-b) vs those treated by oral hypoglycaemic drugs (subgroups II-c and II-d).

Proinsulin is immunologically similar to insulin [17]. Furthermore, the patients recieving exogenous insulin may develop anti-insulin antibodies and thus exaggerating the insulin resistance [17]. In addition, production of anti-insulin receptor antibodies may occur. The defect in insulin effects may be in post-receptor events.

Both receptor and post-receptor defects may account for the significant increase of IRI in the oral hypoglycaemic-treated diabetics if compared to the control group [18]. When orally-treated diabetics sub-classified into less and more than 15 years duration, the latter showed significant decrease in plasma level of IRI compared to the former. This could be due to decreased response of beta cells with prolongation of the disease. The same explanation cannot be applied on comparing the results of insulin-treated patients if classified on the same basis of duration of the disease. Development of insulin receptor antibodies or decreased catabolism of insulin [19] may be valid as a cause of hyperinsulinaemia observed in insulin-treated subjects.

Decreased efficiency of insulin affects RBC's metabolism particularly for phosphate and these reduce oxygen delivery to tissues, with subsequent retinal venous dilatation and leakage of plasma fluids and retinopathy ensues [11]. In addition, microrheologic phenomena such as intravascular erythrocytic aggregation, increased blood viscosity and decreased flexibility of RBC's may contribute to occurrence of diabetic retinopathy [11].

Hyperglucagonaemia is observed in our diabetics. It may be due to alpha-cell dysfunction [20], so that, correction of glucose intolerance by insulin may restore the function to its normal condition and these cells respond normally to different stimuli [21]. Hyperglucagonaemia may be also due to autonomic neuropathy [22].

Insulin/glucagon ratio (I/G) revealed no significant changes among diabetics versus the healthy control, probably due to the wide variations in both hormonal levels. The exception was the diabetic group on insulin treatment for more than 15 years duration. In this group I/G ratio was significantly elevated compared to the control. It reflects exaggerated hyperinsulinaemia. *Karlsten* et al. [23] suggested that elevation of I/G ratio indicated anabolic state, but in our subjects, this could not be the case because hyperinsulinaemia is associated with hyperglucagonaemia. The islet cells, thus, appear to function autonomously.

Growth hormone in our cases are not significantly changed in diabetics with retinopathy if compared to the healthy control. These results agree with those of *Merimee* and his associates [24] who found no hGH changes among diabetics (Types I and II) and healthy subjects. On contrary, *Lundback* [25] reported higher hGH in diabetic microangiopathy and considered this elevation as a causal factor of microangiopathy. Still the role of hGH is doubty since the observation of *Luft* and *Guillemin* [26] who found absence of microangiopathy as a complication in diabetes-induced acromegaly. Among our cases, we noticed presence of five patients with plasma levels of growth hormone more than 10 ng/ml, indicate that the role of hight serum levels of hGH is not exclusive in development of retinopathy.

The role played by prolactin in ocurrence of diabetes is still not clear. In this study, no significant change was found in plasma prolactin levels in diabetic with retinopathy versus the healthy control. Some authors reported hyperprolactinaemia [27, 28], others reported normal prolactin levels in diabetes [29, 30]. In an attempt to correlate PRL to hGH, a hGH/PRL ratio was calculated in both diabetics and normals, but no significant changes were observed.

Thyroid hormones (T_3 and T_4) levels and T_3/T_4 ratio in diabetics with retinopathy versus the control group showed no significant changes. This indicates that, these hormones may be not important factors in occurrence of diabetic retinopathy. This claim agrees with the suggestion of *Gray* and *Clark* [31] who compared the prevalence of retinopathy in primary autoimmune type I diabetes regardless the thyroid over-or hypo-activity. Diminution of protein bound iodine has been reported in type I [32] and in type II diabetes [33]. No relationship has been found between half-time of T_4 and free T_4 fraction. Meanwhile, T_3 levels were not significantly changed in diabetic patients with retinopathy if compared with the control subjects. This may lead to the conclusion that, peripheral deiodination of T_4 either not significantly changed in diabetics or not changed at all, which disagrees with the finding of *Pittman* and his colleagues [34].

From this study, it can be concluded that hGH, PRL, T_3 and T_4 has no direct effect on incidence of retinopathy at the time of investigation. This group of hormones may have played a role prior to occurrence, or in a later stage of retinopathy. The mode of anti-diabetic therapy seems to have no effect on incidence of diabetic retinopathy, nor on the levels of hGH, PRL, T_3 and T_4.

Received June 8, 1984
Accepted in revised form January 16, 1985

References

[1] *R. N. Frank, W. H. Hoffman, M. J. Padgor,* Ophthalmology **87** (1980)
[2] *J. Pirart,* Diabet. Metab. **3** (1977) 97
[3] *K. M. West, L. I. Erdreich, J. A. Stober,* Diabetes **29** (1980) 501
[4] *G. Faloona, R. Unger,* Glucagon. In: Methods of Human Radioimmunoassay (*B. Jaffe* and *H. Berham,* eds.). New York: Academic Press 1974, p. 317
[5] *W. H. Werner, G. Rey, H. Wielinger,* J. Analyt. Chem. **252** (1970) 224
[6] *A. R. Midgley, R. W. Robar, G. D. Niswender,* Acta Endocrinol. **142** (1969) 247
[7] *S. N. Glick, M. R. Sasmon, F. L. Right,* Nature **99** (1963) 784
[8] *P. Hwang, H. J. Guyda, H. G. Friesen,* Proc. Natl. Acad. Sci. **68** (1971) 1902
[9] *H. Gharib, R. Ryan, W. Mayberry,* Mayo Clinic Proceedings **47** (1972) 934
[10] *I. J. Chopra,* J. Clin. Endocrinol Metab. **34** (1977) 938
[11] *J. Ditzel,* Acta Endocrinol **94** (Suppl. 238) (1980) 39
[12] *L. A. Trivelli, H. M. Ranney, H. J. Lay, N. Engl,* J. Med. **284** (1971) 353
[13] *A. A. Hafiez, B. M. El-Kamah, A. A. Ismail,* Arab. J. Lab. Med. 9(1) (1983) 21
[14] *H. Fushimi, S. Tarui,* J. Biochem. **76** (1974) 225
[15] *J. Archer, R. Kaye,* Diabetes **26** (Suppl. 1) (1977) 361 (abstract)
[16] *S. N. Buzney, R. N. Frank, S. A. Varma,* Invest. Ophthalmol. Vis. Sci. **16** (1977) 392
[17] *J. M. Olefesky,* Diabetes **30** (1981) 148
[18] *O. G. Kollerman, S. Gray, G. Insel,* Diabetes **29** (1980) 16 (abstract)
[19] *J. S. Flier, C. R. Kahn, D. B. Jarrett, J. Roth,* J. Clin. Invest. **58** (1976) 1442
[20] *G. C. Weir, S. D. Knowlton, R. F. Atkins, O. E. Flier,* Diabetes **25** (1976) 275
[21] *R. H. Unger, P. Raskin, C. B. Strinkant, L. Orci,* Rec. Prog. Horm. Res. **33** (1977) 477
[22] *N. S. Levitt, A. I. Vinik, A. A. Sire, L. I. Jack,* Diabetes **28** (1979) 1051
[23] *A. Karlsten, B. Halgren, R. Jagenburg,* Acta Med. Scand. **181** (1967) 195
[24] *T. J. Merimee, C. R. Fitzgerald, L. A. Gold, E. W. Green,* Diabetes **28** (1979) 308
[25] *K. Lundback,* Diabetes **25** (1976) 845
[26] *R. Luft, R. Guillmin,* Diabetes **23** (1974) 783
[27] *A. B. Gustafson, M. Banasiak, R. K. Kalkhoff, T. Hagen, H. Kim, J. Clin.* Endocrinol. Metab. **51** (1980) 242
[28] *M. S. Ibrahim, A. A. Hafiez, M. A. Abdel-Hafez, E. A. Osman,* Arab. J. Lab. Med. **6** (1980) 131
[29] *M. Harter, N. Balarac, P. Pourcher,* Lancet **ii** (1976) 961
[30] *J. Labrinkari, L. Laatikainen, T. Ranta,* Diabetologia **22** (1980) 327
[31] *R. S. Gray, B. F. Clark,* Br. Med. J. 1, 6163 (1979) 590
[32] *H. G. Rose,* Diabetes **2** (1962) 192
[33] *G. I. Hamwi, I. G. Skillman, F. A. Kruger, T. R. Froedy,* Ann. N.Y. Acad. Sci. **47** (1975) 1003
[34] *C. S. Pittman, A. K. Suda, J. B. Chambers, G. Y. Ray,* Metabolism **28** (1979) 333

Isotopenpraxis **21** (1985) 9, S. 310 bis 312

Herstellung markierter Antituberkulotika zur Klärung spezifischer Fragestellungen bei der Therapieoptimierung

I. Mitt. Darstellung von [^{3}H]-Isonicotinsäurehydrazid ([^{3}H]-INH), Herstellung injizierbarer Lösungen, Prüfung der Stabilität der Markierung

K. Winsel[1]), *E. Mittag*, *M. Kiessling*[2]), *H. Köhler*[3]), *H. Iwainsky*[1])

([1]) Forschungsinstitut für Lungenkrankheiten und Tuberkulose, Berlin-Buch, [2]) Zentralinstitut für Kernforschung, Bereich RI, Rossendorf, AdW der DDR, [3]) Zentralklinik für Herz- und Lungenkrankheiten, Bad Berka)

Die Darstellung von [³H]-INH durch Wilzbach-Markierung bzw. durch katalytische Austausch-Markierung wird beschrieben. Das gereinigte und auf eine Aktivität von 37 MBq/300 mg INH eingestellte Präparat entspricht den an ein injizierbares Medikament zu stellenden Anforderungen. Die Markierung erweist sich unter in-vitro-Bedingungen und im Makroorganismus als stabil.

The preparation of tritium labelled isoniazid by Wilzbach method and catalytic exchange, respectively, is described. The purified labelled isoniazid is diluted to an activity of 37 MBq/300 mg isoniazid. It has the purity of an injectable drug. The tritium labelling is stable under in vitro conditions and during the passage of the human organism.

Keywords

chemotherapy; isoniazid; patients; tritium compounds; tuberculosis; Wilzbach method

In der DDR ist mit dem Inkrafttreten der neuen Therapieempfehlung die Optimierung der Chemotherapy der Tuberkulose als vorläufig abgeschlossen zu betrachten [1]. Während in den letzten 15 Jahren die Lungentuberkulose im Mittelpunkt der Forschungsarbeiten stand [2—4], ist die extrapulmonale Tuberkulose erst in den letzten Jahren intensiver bearbeitet worden [5, 6]. Die Gründe hierfür waren: der größer werdende relative Anteil an der Gesamtzahl der Tuberkuloseneuerkrankungen, bedingt durch die längere Zeitspanne zwischen Infektion und nachweisbarer Manifestation, unterschiedlich begründete Vorbehalte für die Übernahme einer für alle Formen der Tuberkulose geltenden Therapieführung, besondere Schwierigkeiten bei der Diagnostik, bei der experimentellen und klinischen Bearbeitung sowie bei der Beurteilung der Effektivität [7—14]. Am Beispiel der Nierentuberkulose sollte geprüft werden, ob nach Verabreichung einer therapeutischen Dosis in allen Teilen einer tuberkulösen Niere antimykobakteriell wirksame Konzentrationen von INH und Rifampicin erreicht werden. Angesichts der vorgesehenen geringen Menge einer Einzelprobe war die Aufgabe nur bei Anwendung einer äußerst empfindlichen Methode zur Messung der INH- und der Rifampicin-Konzentration (s. die anschließende II. Mitt.) zu lösen. Das Ziel der vorliegenden Arbeit war die Bereitstellung von [³H]-INH zur Verabreichung an Patienten.

Herstellung von [³H]-INH

Markierung nach *Wilzbach* [15—17]: 1 g INH-Reinsubstanz wurde in 10 ml Wasser gelöst und durch Lyophilisieren auf 1 g $BaSO_4$ aufgezogen. Nach Anschluß des Kolbens an eine Tritiierungsapparatur [18] wurde das System evakuiert und aus einem Tritiumspeicher [18] ein Tritiumgasdruck von 9,3 kPa (70 Torr) auf das INH/$BaSO_4$-Gemisch gegeben. Die Austauschreaktion wurde durch elektrische Entladung mit einer Teslaspule (3 × 5 min) forciert. Nach der Resorption des Restgases wird das Reaktionsgemisch mit 50 ml Wasser aufgenommen, das $BaSO_4$ durch Zentrifugieren entfernt und das Produkt durch Lyophilisieren gewonnen. Vorhandenes labil gebundenes Tritium wurde durch mehrmaliges Lösen in warmem Wasser und anschließendes Lyophilisieren entfernt. Die weitere Reinigung des so gewonnenen Rohprodukts erfolgte an einer Sephadex-G25-fine-Säule K 25/100 (Pharmacia Schweden). Als Elutionsmittel diente Wasser, die Elutionsgeschwindigkeit betrug 0,7 ml/min. Die Detektion erfolgte mit dem Uvicord I (LKB, Schweden) bei 254 nm. Ausbeute: 165 mg [³H]-INH (8 Trennungen mit jeweils 50 mg Rohprodukt), spez. Aktivität: 52,38 MBq je mmol.

Katalytische Austauschmarkierung: Sie erfolgte in modifizierter Form nach *Evans* u. Mitarb. [19, 20]. 500 mg INH-Reinsubstanz wurden in 4 ml Wasser gelöst, mit 700 mg PdO/$BaSO_4$-Katalysator nach *Kuhn* [21] versetzt und an einer Tritiierungsapparatur bei einem Tritiumgasdruck von 60 kPa (450 Torr) 3 h bei Zimmertemperatur gerührt. Das Reaktionsgemisch blieb über Nacht stehen. Anschließend wurde der Katalysator durch Zentrifugieren abgetrennt und mehrmals mit Wasser gewaschen. Labil gebundenes Tritium wurde wie bereits beschrieben entfernt. Das erhaltene Rohprodukt wurde an einer Sephadex-G25-fine-Säule K 50/60 (Pharmacia, Schweden) gereinigt. Als Elutionsmittel diente Wasser. Die Elutionsgeschwindigkeit betrug 1,3 ml/min. Die Detektion erfolgte wie oben beschrieben (Abb. 1).

Ausbeute: 150 mg [³H]-INH (2 Trennungen mit jeweils 225 mg Rohprodukt), spez. Aktivität: 1,858 GBq/mmol

Anschriften: [1]) 1115 Berlin-Buch, Karower Str. 11; [2]) 8051 Dresden, PF 19; [3]) 5303 Bad Berka

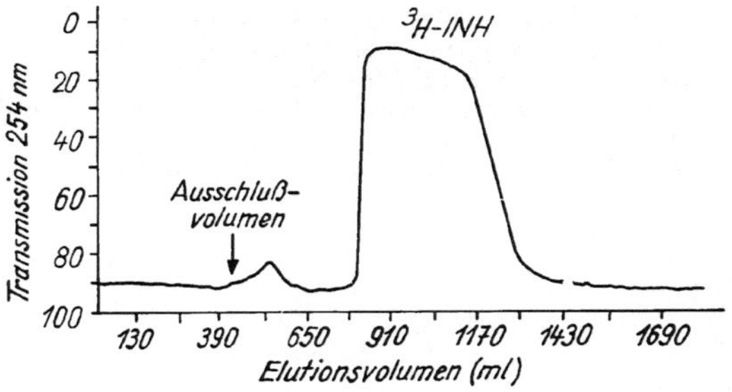

Abb. 1. Reinigung von [³H]-INH nach Austausch-Markierung an Sephadex G 25

Elutionsmittel dest. Wasser, Säule K 50/60

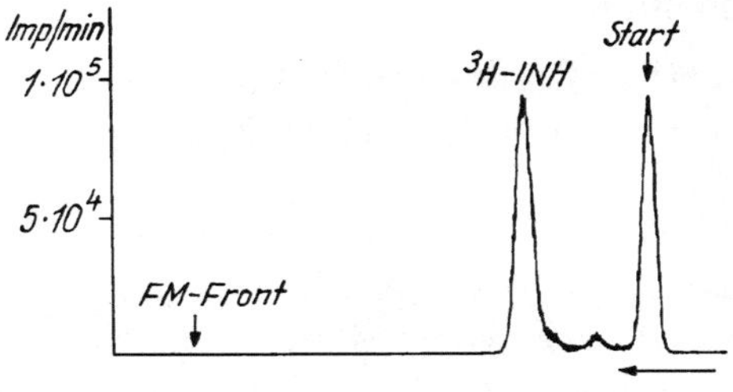

Abb. 2. Radio-DC des [³H]-INH-Rohproduktes nach Austausch-Markierung

Schicht: Kieselgel H-Fertigplatte 0,25 mm; Fließmittel: Aceton-Eisessig-Methanol-Benzen (5:5:20:70)

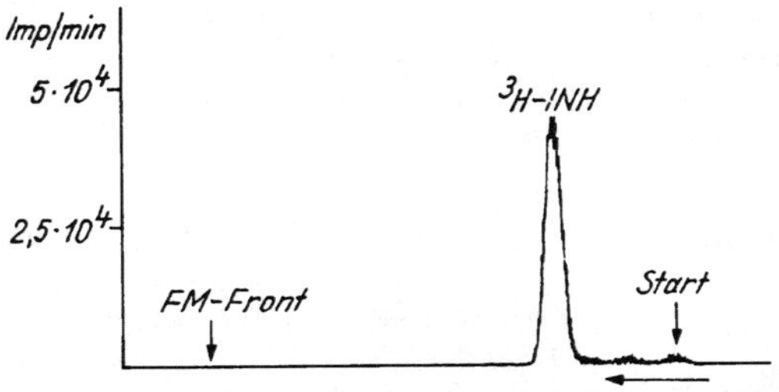

Abb. 3. Radio-DC von [³H]-INH nach Austausch-Markierung und Reinigung

Schicht und Fließmittel wie Abb. 2

Die chemische und radiochemische Reinheit wurde dünnschichtchromatographisch an Kieselgel-H-Fertigplatten bestimmt. Die Platten wurden im Laufmittelgemisch Aceton:Eisessig:Methanol:Benzen (5:5:20:70) entwickelt. Die Detektion erfolgte durch Anfärben mit Barbitursäure/Chlorcyan [22] und mittels Radiodünnschichtscanner II der Fa. Berthold (BRD) (Abb. 2 und 3).

Die Radioaktiviätsmessungen wurden mit dem Flüssigkeitsszintillationsspektrometer Isocap 300 (Holland) durchgeführt.

Herstellung der Injektionslösungen von [³H]-INH für Verteilungsuntersuchungen in der tuberkulösen menschlichen Niere

154,97 mg [³H]-INH (*Wilzbach*-Markierung) und 325,03 mg INH-Reinsubstanz wurden in 8 ml bzw. 5,46 mg [³H]-INH (Austausch-Markierung) und 594,54 mg INH-Reinsubstanz in 10 ml physiologischer NaCl-Lösung gelöst. Diese Lösungen wurden unter sterilen Kautelen mit Hilfe eines Saugtopfes über eine Glasfilternutsche G 5 keimfrei filtriert, in einer 10 ml Glasampulle aufgefangen und die Ampulle durch Abschmelzen verschlossen. Jeweils 5 ml dieser Lösungen enthalten 300 mg [³H]-INH = 37 MBq (1 mCi).

Stabilität der Tritium-Markierung von [³H]-INH im Makroorganismus

Zur Prüfung eines Austausches von T gegen H während der Körperpassage wurde die spezifische Aktivität im Harn, im ethanolischen Extrakt des bei 20 °C im Vakuum eingeengten Harnes und in dem bei 20 °C im Vakuum abdestillierten Wasser bestimmt. Zur Erfassung des Gesamt-INH wurde die Methode von *Nielsch* und *Giefer* [22] herangezogen. Die spezifische Aktivität des verabreichten [³H]-INH wurde 100% gesetzt. Dann ergab sich für das im 0—4 h-Harn von 2 Patienten gefundene INH eine spezifische Aktivität von 101,8 ± 2,7% (Proben-Kanal-Verhältnis-Methode). Im ethanolischen Extrakt liegen die Werte bei 97,6 ± 2,9%. Im abdestillierten Wasser der 14 Tage bei —20 °C gelagerten Harnproben waren nur Spuren von ³H nachzuweisen, die Werte liegen zwischen 0,009 und 0,025% bezogen auf die im Urin vorhandene Aktivität ($n = 4$). Im Radio-DC ist die Aktivität an die mit Hilfe von Barbitursäure-Chlorcyan sichtbar gemachten Biotransformationsprodukte des INH gebunden. Auch die Messung der [³H]-Aktivität im Blut (ausgedrückt als µg INH/ml Blut) ergab bei halblogarithmischer Darstellung des zeitlichen Verlaufes die zu erwartende lineare Beziehung zwischen dem Logarithmus der Gesamt-INH-Konzentration im Blut und der Zeit. Die mit Hilfe der Regressionsgeraden berechnete Halbwertszeit entspricht der von INH-Schnellinaktivierern [23, 24].

Diese Ergebnisse beweisen die für die vorliegende Problemstellung notwendige Stabilität der Tritium-Markierung am Pyridinring, der durch die für INH spezifischen Biotransformationsprozesse nicht verändert wird. Zu analogen Schlüssen kam *Waterfield* [25], wonach die Stabilität der Bindung des Tritiums an aromatischen Ringen in wässrigen Lösungen an die Abwesenheit von Elektronen-Donator-Substituenten gebunden ist. Beim Heteroaromaten INH übt die $CO-NH-NH_2$-Gruppe einen schwachen Elektronenzug (-M- und -I-Effekt) auf den Pyridinring aus. Außerdem zieht das elektronegativere N-Atom im Pyridinring π-Elektronen aus dem Kern an, was zu einer verringerten Elektronendichte an den C-Atomen führt.

Eingegangen am 27. 6. 1984

Literatur

[1] *H. Eule, H.-G. Ganguin*, Z. Erkr. Atmungsorgane, **163** (1984) 80

[2] *H. Eule*, Bull. Un. Int. Tuberc. **48** (1973) 117

[3] *H. Eule, H. Iwainsky, E. Kaernbach, P. Kaluza, E. Saerens, E. Werner*, Bull. Un. Int. Tuberc. **51** (1976) Bd. 1, 115

[4] *H. Eule, H. Beck, H. Evers, P. Fischer, S. Merkel, R. Reech, R. Sieler, E. Thomas, W. Weinecke*, Bull. Un. Int. Tuberc. **57** (1982) Bd. 1, 63

[5] *H. Köhler, W. van de Kamp, G. Née*, Kongreß der Gesellschaft für Pneumonologie und Tuberkulose der DDR, Berlin 1976

[6] *H. Köhler, K. Winsel*, Promotion-B-Arbeit, Friedrich-Schiller-Universität, Jena 1983

[7] *H. Bethge*, Prax. Pneumol. **31** (1977) 743

[8] *F. Eisenberger, E. Schmiedt*, Muench. Med. Wochenschr. **120** (1978) 353

[9] *F. Eisenberger, K. Wanner*, Muench. Med. Wochenschr. **122** (1980) 1595

[10] *H.-G. Ganguin, H. Köhler, W. van de Kamp*, Z. ges. inn. Med. **33** (1978) 683

[11] *W. van de Kamp*, Z. ges. inn. Med. **33** (1978) 677

[12] *W Lukas*, Prax. Pneumol. **31** (1977) 695

[13] *G. Rodek*, Prax. Pneumol. **31** (1977) 748

[14] *H. Welsch*, Prax. Pneumol. **31** (1977) 351

[15] *E. A. Evans*, Tritium and its compounds. London: Butterworths 1966

[16] *M. Wenzel, P. E. Schulze*, Darstellung, Messung und Anwendung nach Wilzbach ³H-markierter Verbindungen. Berlin: Walter de Gruyter 1962

[17] *K. E. Wilzbach*, J. Amer. Chem. Soc. 79 (1957) 1013
[18] *J. Römer*, ZfK-445 (1981)
[19] *E. A. Evans*, Proc. of the 9th Japan Conf. on Radioisotopes, 1969, 652
[20] *E. A. Evans, H. C. Sheppard, J. C. Turner, D. C. Warrell*, J. labelled Compounds 10 (1974) 569
[21] *R. Kuhn, H.-J. Haas*, Angew. Chemie 67 (1955) 785
[22] *W. Nielsch, L. Giefer*, Arzneim. Forsch. 9 (1959) 636, 700
[23] *H. Iwainsky, H. Eule, P. Fischer, E. Werner, K. Winsel, H. Franke*, Z. Erkr. Atmunsorgane 147 (1977) 41
[24] *H. G. Rosenbaum, S. Riegelman*, J. Pharmacokinet. Biopharm. 4 (1976) 287
[25] *W. R. Waterfield, J. A. Spanner, F. G. Stanford*, Nature 218 (1968) 472

Isotopenpraxis 21 (1985) 9, S. 312 bis 316

Herstellung markierter Antituberkulotika zur Klärung spezifischer Fragestellungen bei der Therapieoptimierung

II. Mitt. Darstellung von [^{3}H]-Rifampicin ([^{3}H]-RMP), Prüfung der Stabilität der Markierung und Herstellung eines oral verabreichbaren [^{3}H]-RMP-Präparates

K. Winsel[1]), *H. Iwainsky*[1]), *E. Mittag*[2]), *M. Kiessling*[2]), *H. Köhler*[3])

([1]) Forschungsinstitut für Lungenkrankheiten und Tuberkulose, Berlin-Buch, [2]) Zentralinstitut für Kernforschung, Bereich RI, Rossendorf, AdW der DDR, [3]) Zentralklinik für Herz- und Lungenkrankheiten, Bad Berka)

Die Markierung von RMP nach Wilzbach führt zu einer Fragmentierung des RMP-Moleküls. Die Synthese von [^{3}H]-RMP ist durch Umsetzung von 1-Amino-4-[^{3}H]methyl-piperazin mit 3-Formyl-rifamycin SV möglich, sie führt über folgende Stufen: 1-Nitroso-piperazin, 1-Amino-piperazin, 1-Benzal-amino-piperazin, 1-Benzal-amino-4-[^{3}H] methyl-piperazin, 1-Amino-4-[^{3}H]methyl-piperazin-dihydrochlorid. Die Freisetzung der Base aus dem Hydrochlorid erfolgt direkt im Reaktionsansatz in Gegenwart von 3-Formyl-rifamycin SV. Die Umsetzung ist bei Ausschluß von Sauerstoff und Licht annähernd quantitativ. Das erhaltene Präparat wird durch präparative Dünnschichtchromatographie gereinigt. Nach peroraler Verabreichung an Patienten gibt die [^{3}H]-RMP-Messung in guter Näherung die antimykobakterielle Aktivität wieder, obwohl durch Biotransformationsprozesse in geringem Umfang der markierte Rest abgespalten wird.

Labelling of RMP by the Wilzbach method results in a fragmentation of the molecule. The synthesis of [^{3}H]-RMP is possible by reaction of 1-amino-4-[^{3}H]methyl-piperazine with 3-formyl-rifamycin SV. It consists of the following steps: 1-nitroso-piperazine, 1-amino-piperazine, 1-benzal-amino-piperazine, 1-benzal-amino-4-[^{3}H] methyl-piperazine, 1-amino-4-[^{3}H] methyl-piperazine-dihydrochloride. The liberation of the base from the hydrochloride was made directly in the reaction mixture in presence of 3-formyl-rifamycin SV. Excluding oxygen and light the reaction is nearly quantitative. The crude preparation was purified by preparative thin-layerchromatography. The measuring of the ^{3}H-activity reflects with good approximation the antimycobacterial activity of the drug in patients, although a small share of the labelled methyl-group is splitted off by the metabolism of RMP.

Keywords

chemotherapy; metabolism; thin-layer chromatography; tritium compounds; tuberculosis; Wilzbach method

In Untersuchungen zur Therapieoptimierung der Tuberkulose ist RMP unbedingt einzubeziehen. Sein rascher Wirkungseintritt, seine bakterizid-degenerative Wirkung und seine günstige Pharmakokinetik sind die Grundlagen für die sterilisierende Wirkung RMP enthaltender Antituberkulotikakombinationen [1—6]. Dem auch zur Bekämpfung der Lepra und anderer lebensbedrohender nichttuberkulöser Infektionskrankheiten empfohlenen RMP [7, 8] wird eine besondere Wirkung auf die sog. Persisters, d. h. auf sich nur während kurzer Phasen vermehrende Mykobakterien, zugeschrieben.

Ein Literaturüberblick zeigt, daß radioaktiv markiertes RMP (^{3}H- bzw. ^{14}C-Markierung im Piperazin-Ring oder 38-^{14}C-RMP) bisher nur in geringem Umfang eingesetzt worden ist [9—17]. Dabei wurden über die Herstellungsmethode nur wenige Angaben gemacht. Lediglich bei 2 Autoren fand sich der Hinweis, daß ^{14}C-markiertes RMP durch Umsetzung von 3-Formylrifamycin SV mit 1-Amino-4-methyl-piperazin (^{14}C-Markierung im Piperazin-Ring) synthetisiert wurde [13, 18]. Für die vorgesehenen Untersuchungen war der Einsatz von ^{14}C-markiertem RMP aus Gründen der Strahlenbelastung nicht möglich. Das als Ausgangsprodukt für eine Synthese von [^{3}H]-RMP benötigte ^{3}H-ringmarkierte 1-Amino-4-methyl-piperazin stand in absehbarer Zeit nicht zur Verfügung. Es mußten daher andere Wege zur ^{3}H-Markierung von RMP gefunden werden.

Markierung nach *Wilzbach*

Angesichts der Struktur des RMP wurde eine Markierung nach *Wilzbach* als wenig aussichtsreich angesehen. Entsprechend diesen Erwartungen erfolgte unter den Markie-

Anschriften: [1]) 1115 Berlin-Buch, Karower Str. 11; [2]) 8051 Dresden, PF 19; [3]) 5303 Bad Berka

rungsbedingungen eine weitgehende Fragmentierung des RMP-Moleküls. Im DC konnten 6 gelb gefärbte Verbindungen, im Radio-DC weitere nicht mehr gefärbte Zersetzungsprodukte nachgewiesen werden. Darüber hinaus sind die Auswirkungen einer wahrscheinlich erfolgenden partiellen Hydrierung der aliphatischen Doppelbindungen des RMP auf die Pharmakokinetic und die biologische Aktivität der dabei entstandenen Verbindung nicht abzusehen.

Herstellung von [^{3}H]-RMP

Als Möglichkeit einer Synthese von [^{3}H]-RMP wurde von der Herstellerfirma (Gruppo Lepetit, Mailand) die Kondensation von 3-Formylrifamycin SV mit 1-Amino-4-[^{3}H]methyl-piperazin vorgeschlagen [19]. Sie entspricht im wesentlichen dem Herstellungsverfahren [19, 20]. Die Synthese des [^{3}H]-RMP erfolgte in 2 Stufen (Abb. 1).

1. Stufe: Synthese des 1-Amino-4-[^{3}H]methyl-piperazins (3)[4])

Darstellung von N-Nitroso-piperazin: In Anlehnung an die Synthese des 1-Methyl-4-nitroso-piperazins [21, 22] wurden zu einer Lösung von 23,4 g Piperazin-hexahydrat (0,12 mmol) in 60 ml Wasser unter Kühlung (6 °C) und Rühren langsam 24 ml konz. HCl und danach eine Lösung von 8,4 g $NaNO_2$ (0,12 mmol) in 25 ml Wasser hinzugetropft. Nach 1,5 h wurde die Reaktionsmischung zunächst zur Entfernung des gebildeten Dinitrosopiperazins mit $CHCl_3$ extrahiert und nach Zugabe von 50%iger NaOH bis zur stark alkalischen Reaktion die Extraktion des N-Nitrosopiperazins in gleicher Weise vorgenommen. Dieser Anteil wurde über wasserfreiem Na_2SO_4 24 h getrocknet und danach am Vakuumrotationsverdampfer bei etwa 20 °C zur Trockne eingeengt. Ausbeute des als gelbes Öl verbleibenden Rückstandes: 12,5 g N-Nitroso-piperazin (89,7% der Theorie).

Herstellung von 1-Benzal-amino-piperazin (1): Die Reduktion des N-Nitroso-piperazins zu N-Amino-piperazin erfolgte in Anlehnung an bekannte Verfahren [23—26] mit $LiAlH_4$. Zu einer Suspension von 4,1 g $LiAlH_4$ (0,108 mmol) in 65 ml wasserfreiem Tetrahydrofuran (THF) wurde bei Raumtemperatur die Lösung von 8,2 g N-Nitroso-piperazin (0,071 mmol) in 15 ml THF unter Rühren langsam hinzugetropft und anschließend die Reaktionsmischung 3 h unter Rückfluß zum Sieden erhitzt. Nach Abkühlung (Eiswasser) wurden unter weiterer Kühlung und Rührung 150 ml Wasser hinzugefügt und die Masse noch 15 min bei Raumtemperatur gerührt. Das ausgeschiedene Aluminiumhydroxid wurde abgesaugt und mit einer kleinen Menge THF gewaschen. Die vereinigten Filtrate wurden mit 10 N HCl auf *p*H 4,5 eingestellt, unter Rühren 8 ml Benzaldehyd (0,072 mmol) hinzugefügt und die Reaktionsmischung 15 min auf 40 °C erwärmt. Zur Entfernung des nicht umgesetzten Benzaldehyds wurde nach Abkühlung auf Raumtemperatur mit Ether extrahiert, das Reaktionsgemisch mit 10 N NaOH alkalisch gemacht und das freigesetzte 1-Benzal-amino-piperazin ebenfalls mit Ether extrahiert. Dieser Extrakt wurde über Nacht mit wasserfreiem Na_2SO_4 getrocknet und am Vakuumrotationsverdampfer bei etwa 20 °C zur Trockne eingeengt. Der erhaltene Rückstand wurde aus wenig Wasser unkristallisiert. Ausbeute: 4 g 1-Benzal-amino-piperazin (29,8% der Theorie), Fp 69—70 °C.

Synthese von 1-Amino-4-[^{3}H]methyl-piperazin-dihydrochlorid (3)[5]): 5 ml wasserfreies Aceton wurden in einen Rundkolben gegeben und 42,8 µl (0,69 mmol) Methyljodid hinzugefügt. Der Kolben wurde nach Kühlung mit flüssigem N_2 mit einer Hochvakuumapparatur verbunden. Die Brechsiegelampulle mit dem ^{3}H-Methyljodid (7 µl = 0,11 mmol = 1972,1 MBq[6])) wurde über ein Fallrohr (mit Metallstück in seitlicher Ausbuchtung) ebenfalls an die Hochvakuumapparatur angeschlossen. Zur Entfernung des freien Jods in diesem Präparat wurde in die Apparatur

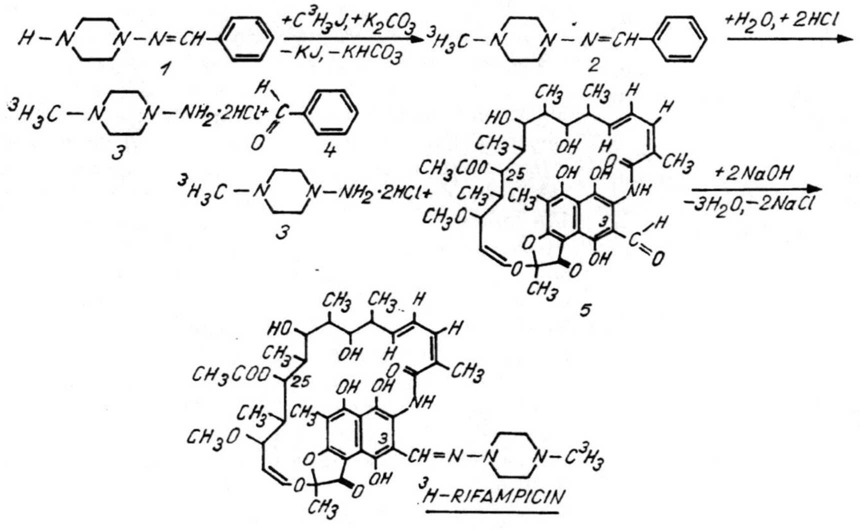

Abb. 1. Reaktionsschema der Tritium-Markierung des RMP durch Synthese
1 = 1-Benzal-amino-piperazin; 2 = 1-Benzal-amino-4-[^{3}H]methyl-piperazin; 3 = 1-Amino-4-[^{3}H]methyl-piperazin-dihydrochlorid; 4 = Benzaldehyd; 5 = 3-Formyl-rifamycin SV

ein Röhrchen mit Na_2CO_3, rotem P und P_4O_{10} auf Bimsstein eingebaut. Als Vorlage wurde ein zweiter mit flüssigem N_2 gekühlter Rundkolben an die Apparatur angeschlossen und diese bei verschlossener Brechsiegelampulle und tiefgekühltem Rundkolben (inaktives Methyljodid-Aceton-

[4]) (1) ... (5) s. Abb. 1
[5]) Zur Vermeidung von Verunreinigungen durch Fett wurden bei allen weiteren Arbeiten Teflonmanschetten für die Schliffe verwendet.
[6]) Hersteller: Institut für Isotopen der Ungarischen Akademie der Wissenschaften, Budapest

Gemisch) evakuiert. Dann wurde die Kühlung am ersten Rundkolben entfernt und die Brechsiegelampulle durch Herabfallen des Metallstückes geöffnet. Nach etwa 20 min waren das Methyljodid-Aceton-Gemisch und das radioaktive Methyljodid in die gekühlte Vorlage übergefroren. Nach dem Auftauen wurden 276 mg (2,0 mmol) wasserfreies K_2CO_3 zugesetzt.

Zu dem Methyljodid-Aceton-K_2CO_3-Gemisch wurde unter Rühren 142 mg (0,75 mmol) 1-Benzal-amino-piperazin (gelöst in 5 ml Aceton) hinzugefügt und das Gemisch 1,5 h unter Rühren auf 50 °C erwärmt. Durch Filtration über eine Glasfilternutsche G 4 wurde vom festen Rückstand abgetrennt, das Filtrat am Vakuumrotationsverdampfer eingeengt. Die als Rückstand verbleibende schwach gelbe, z. T. ölartige Substanz wurde in 10 ml dest. Wasser gelöst, in ein Schliffröhrchen mit Plastestopfen übergeführt und 5mal mit je 4 ml Ether extrahiert. Die vereinigten Etherextrakte wurden am Vakuumrotationsverdampfer bei Raumtemperatur zur Trockne gebracht. Der Rückstand (ein schwach gelbes Öl) wurde in 2 ml 1 N und 0,5 ml 10 N HCl gelöst und 15 min hydrolysiert. Der freigesetzte Benzaldehyd wurde durch dreimalige Extraktion mit 4 ml Ether entfernt. Die salzsaure Lösung wurde zunächst bei Raumtemperatur am Vakuumrotationsverdampfer eingeengt und nach Entfernung der Hauptmenge des Lösungsmittels die Temperatur auf 50 °C erhöht.

Der gelblichbraune Rückstand wurde mit 9 ml Isopropanol erwärmt, mit einem Glasstab verrieben (das Öl wird pulverförmig), die Isopropanol-Lösung am Rückflußkühler zum Sieden erhitzt und bis zur vollständigen Lösung des 1-Amino-4-[^{3}H]methyl-piperazin-dihydrochlorides tropfenweise dest. Wasser hinzugefügt (etwa 0,5 ml). Diese Lösung wurde mit flüssigem N_2 auf etwa —40 °C gekühlt, anschließend am Vakuumrotationsverdampfer bis zur Bildung der ersten Kristalle eingeengt und bei —20 °C über Nacht stehengelassen. Die ausgeschiedenen Kristalle wurden durch Absaugen über eine Glasfilternutsche G 4 isoliert, mit etwa 1 ml kaltem Isopropanol (—10 °C) gewaschen und bei Raumtemperatur im Vakuum getrocknet (Ausbeute 54 mg). Durch Einengen der Mutterlauge auf etwa 3 ml und Stehen bei —20 °C über Nacht wurden weitere 15 mg isoliert. Gesamtausbeute: 69 mg (48,9% der Theorie, bezogen auf 1-Benzal-amino-piperazin).
Spez. Radioaktivität: 4,638 GBq/mmol
^{1}H-NMR-Spektrum (D_2O): Chemische Verschiebung (ppm): CH_3 7,02 s; CH_2 6,52; 6,58 d im Verhältnis 3:8.
Die Ergebnisse der Elementaranalyse sind in Tab. 1 wiedergegeben.

Tab. 1. Elementaranalyse von 1-Amino-4-methyl-piperazin-dihydrochlorid ($C_5H_{15}N_3Cl_2$)

Element	berechnet, %	gefunden, %
Cl	37,70	35,54
C	31,93	29,52
H	8,04	8,41
N	22,34	20,87

2. Stufe: Umsetzung von 1-Amino-4[^{3}H]methyl-piperazin (3) *mit 3-Formylrifamycin SV* (5) *zu [^{3}H]-RMP*

Zur Vermeidung einer Oxydation des gebildeten RMP muß die Umsetzung unter Ausschluß von Sauerstoff und Licht erfolgen und das verwendete THF sorgfältig gereinigt und peroxidfrei sein. [7])

1-Amino-4-[^{3}H]methyl-piperazin-dihydrochlorid reagiert nicht mit 3-Formylrifamycin SV. Es wurde daher die entsprechende Base direkt in der Reaktionsmischung freigesetzt: In einen Rundkolben wurden 53,1 mg (0,28 mmol) 1-Amino-4-[^{3}H]methyl-piperazin-dihydrochlorid in fester Form gegeben und durch Zugabe von 2 ml dest. Wasser unter Rühren aufgelöst. Auf den Kolben wurde ein Abzweigstück mit paralleler Schliffhülse aufgesetzt und N_2 durch die Apparatur geleitet. Nach Verdrängung der Luft wurden unter Rühren 560 µl 1 N NaOH, 30 ml THF und schließlich 217,7 mg (0,30 mmol) 3-Formyl-rifamycin SV in fester Form hinzugegeben. Auf die zweite Schliffhülse des Abzweigstückes wurde ein kurzer *Dimroth*-Kühler gesetzt. Die Reaktionsmischung wurde dann 1,5 h bei Raumtemperatur und Dunkelheit unter N_2-Atmosphäre gerührt und anschließend die mit flüssigem N_2 gekühlte Reaktionslösung am Vakuumrotationsverdampfer zur Trockne gebracht. In dem zur Kontrolle der radiochemischen Reinheit angefertigten Radio-DC befanden sich etwa 98% der aufgetragenen Radioaktivität im [^{3}H]-RMP-Peak; R_f-Wert 0,49 (Abb. 2).

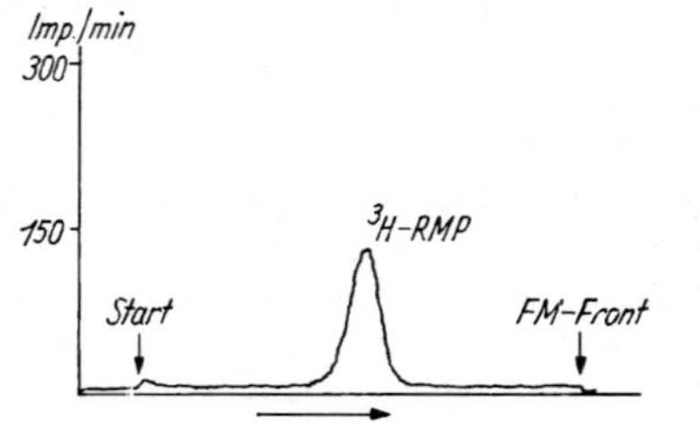

Abb. 2. Radio-DC des [^{3}H]-RMP-Rohproduktes
Schicht: Kieselgel H; Fließmittel: Chloroform-Methanol (90:10)

Reinigung des [^{3}H]-RMP-Rohproduktes

Die Reinigung wurde durch präparative Dünnschichtchromatographie vorgenommen und damit in einem Arbeitsgang überschüssiges 3-Formyl-rifamycin SV, NaCl sowie nicht umgesetztes 1-Amino-4-[^{3}H]methylpiperazin abgetrennt: 5 mg [^{3}H]-RMP-Rohprodukt wurden in 0,5 ml reinem Essigsäureethylester gelöst, 300 µl davon auf eine selbstgefertigte Kieselgel-H-Dünnschichtplatte (Schichtstärke 0,5 mm) als Band aufgetragen und mit Hilfe des Fließmittels Chloroform:Methanol:Wasser (80:20:1) die Platte in normaler Atmosphäre entwickelt. Die Platte wurde unter N_2-Atmosphäre getrocknet und anschließend die das [^{3}H]-RMP-Band enthaltende Kieselgelzone unter Verwendung einer Vakuumpumpe auf eine Glasfilternutsche gesaugt, die beiderseits mit einer Schliffhülse ausgestattet war (Absaugseite mit einem schräg angeschnittenen Schlauch versehen). Zur Elution des [^{3}H]-RMP wurde die Nutsche unmittelbar darauf an beiden Seiten mit einem Zweihalskolben mit Hahnschliffkern verbunden. In den unteren Kolben wurden 20 ml Methanol gegeben, die Apparatur mit der Stickstoffapparatur [28] verbunden und zur Entfernung der Luft diese Elutions-Apparatur abwechselnd evakuiert und mit N_2 gefüllt (etwa 10 mal). Unter Drehung der Apparatur und entsprechender Schaltung von Vakuum und N_2 wurde das Methanol zu dem auf der Nutsche befindlichen [^{3}H]-RMP-Kieselgel-H-Gemisch gegeben und durch Schütteln der Apparatur das [^{3}H]-RMP extrahiert. Durch eine erneute Drehung der Apparatur um 180° sowie entsprechende Umschaltung von N_2 und

[7]) Prüfung auf Peroxide mit einer Lösung von N,N'-Dimethyl-p-phenylen-diammonium-dichlorid in Methanol-Eisessig-Wasser [27]

Vakuum wurde die [³H]-RMP-Lösung abfiltriert und bei Raumtemperatur im Vakuum zur Trockne eingeengt. Von 8 DC-Platten wurden 14,4 mg [³H]-RMP isoliert. Ausbeute: 60,0% (bezogen auf das zur Trennung eingesetzte [³H]-RMP-Rohprodukt).

Spezifische Radioaktivität: 4,516 GBq/mmol.

Bestimmung der spezifischen Aktivität des [³H]-RMP: Das [³H]-RMP wurde in Methanol gelöst und die RMP-Konzentration spektrophotometrisch bestimmt (2 cm Schichtdicke, 465 nm, Spekol, VEB Carl Zeiss Jena). Parallel dazu wurde die ³H-Messung mit Toluol-Szintillator im Flüssigkeitsszintillationszähler Isocap 300 durchgeführt.

Herstellung des oral zu verabreichenden [³H]-RMP-Präparates

14,2 mg (77,7 MBq) des gereinigten in etwa 6 ml Methanol gelösten [³H]-RMP wurden in einen Rundkolben überführt, dazu 250 ml Methanol und 1,30 g unmarkiertes RMP in fester Form zur Einstellung einer Radioaktivität von annähernd 37 MBq/600 mg [³H]-RMP hinzugefügt, durch Schütteln vollständig in Lösung gebracht und bei Raumtemperatur im Vakuum zur Trockne eingeengt. Das Präparat wurde unter N_2 bei −20 °C aufbewahrt. Die Reinigung des [³H]-RMP und die Verdünnung mit unmarkiertem RMP wurden unter Kontrolle der chemischen und radiochemischen Reinheit jeweils kurze Zeit vor der Anwendung durchgeführt. Zur Applikation wurden jeweils 150 mg [³H]-RMP in leere Original-RMP-Kapseln abgefüllt.
Radioaktivität: 35,31 MBq/600 mg [³H]-RMP.

Stabilität des [³H]-RMP im Makroorganismus

Wird die spezifische Radioaktivität des verabreichten [³H]-RMP gleich 100% gesetzt, so lag sie im 0–4 h-Harn von Patienten im Durchschnitt bei 97,9 ± 3,2% ($n = 6$; Proben-Kanal-Verhältnis-Methode), nach dreitägiger Aufbewahrung des Harnes bei −20 °C. Die Aktivität des bei der Herstellung des [³H]-RMP-Präparates aufgefangenen Methanols betrug weniger als 0,01% der vorhandenen Radioaktivität. Das Radio-DC des aus Harn isolierten RMP und seiner Biotransformationsprodukte zeigte, daß das T-Atom an das RMP-Molekül gebunden ist (Abb. 3). In einigen Fällen war [³H]-RMP-Chinon nachzuweisen. Es kann durch Oxydation im Makroorganismus oder artefiziell während der Extraktion aus dem Harn entstanden sein.

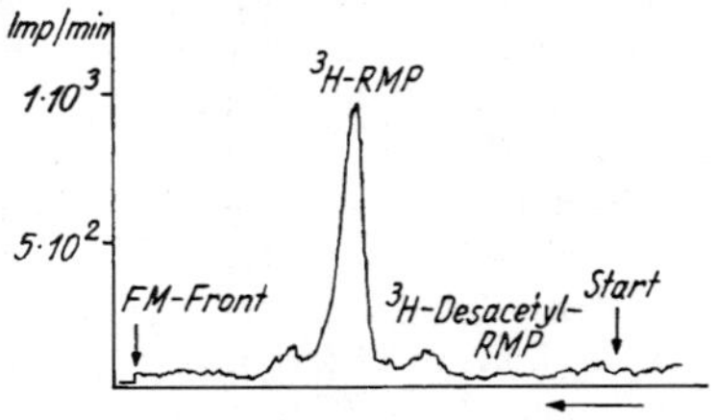

Abb. 3. Radio-DC des 0–4 h-Harnes (Benzen-Extrakt) eines Patienten nach oraler Applikation von 600 mg [³H]-RMP

Schicht: Kieselgel H-Fertigplatte 0,25 mm; Fließmittel: Chloroform-Methanol-Wasser; 80:20:1

Als Biotransformationsprodukte des RMP beim Menschen werden neben 25-Desacetyl-RMP 3-Formyl-rifamycin SV und N-Desmethyl-RMP unter Abspaltung der markierten Reste gebildet (vgl. Abb. 1). Allerdings ist der Anteil der beiden letzteren Biotransformationsprodukte sehr gering, so daß der durch die unterschiedliche Eliminationskinetik eintretende Fehler bei der Bestimmung der RMP-Konzentration durch ³H-Messung in engen Grenzen bleibt. Damit repräsentiert diese Messung im Blut und im Gewebe in guter Näherung die antimykobakteriell wirksame Konzentration, wie parallel durchgeführte Messungen der ³H- und der antimykobakteriellen Aktivität im Blut nach oraler Verabreichung von 600 mg [³H]-RMP über 4 h bestätigen [29]. Danach ergibt sich für diesen Zeitraum eine befriedigende Übereinstimmung beider Parameter (Abb. 4).

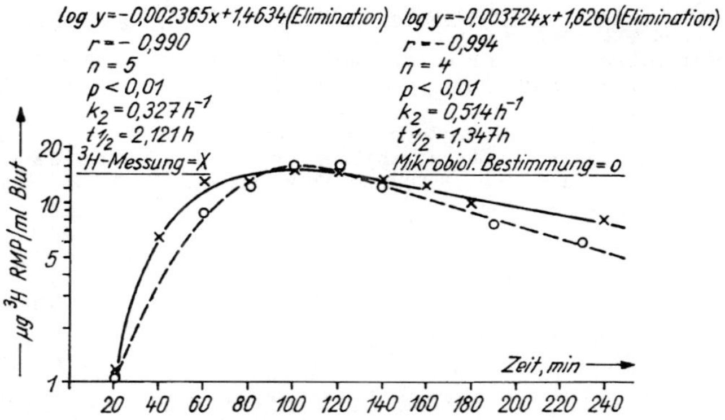

Abb. 4. Verlauf der RMP-Konzentration im Blut eines Patienten mit Nierentuberkulose nach oraler Verabreichung von 600 mg [³H]-RMP
halblogarithmische Darstellung

Eingegangen am 27. 6. 1984

Literatur

[1] *J. M. Dickinson, D. A. Mitchison,* Tubercle **51** (1970) 82; Amer. Rev. Resp. Dis. **123** (1981) 367
[2] *J. Grosset,* Tubercle **59** (1978) 287; Chest **80** (1981) 719
[3] *D. A. Mitchison,* Chest **76** (1979) Suppl. 771
[4] *J. W. Jenne, W. H. Beggs,* Amer. Rev. Resp. Dis. **107** (1973) 1013
[5] *J. M. Dickinson, P. S. Jackett, D. A. Mitchison,* Amer. Rev. Resp. Dis. **105** (1972) 519
[6] *J. M. Dickinson, V. R. Aber, D. A. Mitchison,* Amer. Rev. Resp. Dis. **116** (1977) 627
[7] *H. Eule, Elly Werner, K. Winsel, H. Iwainsky,* Pharmazie **40** (1985) 276
[8] *St. Schubert, G. Rothenberg, V. Ziegler.,* Dt. Gesundh.-Wesen **39** (1984) 535
[9] *M. Toyohara,* Kekkaku **116** (1971) 211
[10] *G. Mistrello, R. Cricchio, G. Bolzoni, M. Mosca, L. Bassi,* Mol. Immunol. **16** (1979) 665
[11] *A. Assandri,* J. Chromatogr. **135** (1977) 25
[12] *G. Boman, V. A. Ringberger,* Eur. J. Clin. Pharmacol. **7** (1974) 217
[13] *H. Keberle, H.-G. Meyer-Brunot,* K. *Schmid,* Antimicrob. Agents Chemother. **1966**, 365
[14] *K. König, P. Roth, B. Kastert,* Prog. Antimicrobiol. Anticancer Chemotherapy **II** (1970) 1176
[15] *H.-G. Meyer-Brunot, K. Schmid, H. Keberle,* V^th International Congress of Chemotherapy, Wien 1967, Verhandlungen, Bd. I/2, 763, Verlag der Wiener Medizinischen Akademie
[16] *W. Riess, K. Schmidt, H. Keberle, L. Dettli, P. Spring,* Proceedings 6th International Congress of Chemotherapy, University Park Press, Baltimore, Maryland and Manchester, England 1970; Prog. Antimicrobiol. Anticancer Chemotherapy **II** (1970) 905
[17] *H. P. Roth,* Dissertation, Saarbrücken 1971
[18] *G. Binda, E. Domenichini, A. Gottardi, B. Orlandi, E. Ortelli, B. Pacini, G. Fowst,* Arzneim.-Forsch. **21** (1971) 1907
[19] *G. Lancini,* Gruppo Lepetit, persönliche Mitteilung, 1975, 1978

[20] *N. Maggi, C. R. Pasqualucci, R. Ballota, P. Sensi,* Chemotherapy **11** (1966) 285

[21] *Beilsteins* Handbuch der organischen Chemie, 3./4. Ergänzungswerk, Bd. 23/1, S. 384; Berlin, Heidelberg, New York: Springer 1980

[22] *M. Harfenist,* J. Amer. Chem. Soc. **76** (1954) 4991

[23] *N. G. Gaylord,* Reduction with complex metal hydrides, Interscience Publishers, INC, New York, Interscience Publishers, LTD, London, 1956

[24] *C. Hanna, F. W. Schueler,* J. Amer. Chem. Soc. **74** (1952) 3693

[25] *Weygand/Hilgetag:* Organisch-chemische Experimentierkunst. Leipzig: Johann Ambrosius Barth 1970, S. 581

[26] *H. Zimmer, L. F. Audrieth, M. Zimmer, R. A. Rowe,* J. Amer. Chem. Soc. **77** (1955) 790

[27] *E. Knappe, D. Petri,* Z. analyt. Chemie **190** (1962) 386

[28] *S. Herzog, I. Dehnert,* Z. Chem. **4** (1964) 1

[29] *H. Köhler, K. Winsel,* Promotion-B-Arbeit, Friedrich-Schiller-Universität, Jena 1983

Isotopenpraxis **21** (1985) 9, S. 316 bis 320

Stoffwechseluntersuchungen durch vergleichende ^{15}N-NMR-Spektroskopie und ^{15}N-Emissionsspektrometrie an Rattenorganen

P. Krumbiegel[1]), *W. Gründer*[2]), *K. Buchali*[3]), *K. Hirschberg*[1]), *H. Faust*[1])

([1]) Zentralinstitut für Isotopen- und Strahlenforschung Leipzig der AdW der DDR; [2]) Sektion Physik der Karl-Marx-Universität Leipzig; [3]) Nuklearmedizinische Klinik der Charite der Humboldt-Universität zu Berlin)

Folgende Untersuchungen an Rattenorganen waren durch ^{15}N-NMR-Messungen möglich:

- *Verteilung von in vivo applizierten ^{15}N-markierten Verbindungen auf verschiedene Organe in Abhängigkeit von der Einwirkungszeit;*
- *Ermittlung der Biotransformationskinetik von [^{15}N]Glycin als Maß für die fortdauernde metabolische Aktivität der entnommenen Leber;*
- *Nachweis intermediär auftretender Metabolite des Glycins.*

Es wurden [$^{15}N_2$]Harnstoff und [^{15}N]Glycin injiziert. Aus den Ergebnissen folgt, daß die ^{15}N-NMR-Spektroskopie in Verbindung mit der traditionellen ^{15}N-Analyse eine neue Möglichkeit zur Verfolgung des Stickstoffstoffwechsels von Pflanze, Tier und Mensch am intakten Organismus eröffnet.

Using ^{15}N NMR measurements functional studies in rat organs were possible and could be demonstrated with the following examples:

- *^{15}N distributions to various rat organs depending on the effective time of the injected compounds;*
- *measurement of biotransformation kinetics of [^{15}N]glycine showing the continued metabolic activity of the isolated rat liver;*
- *occurrence of intermediary metabolites of glycine.*

Wistar rats had received an injection of [$^{15}N_2$] urea and [^{15}N] glycine. The results establish that ^{15}N NMR spectroscopy in connection with traditional ^{15}N analysis is able to open new possibilities to study nitrogen turnover of plants, animals, and humans also in the intact organism.

Keywords

diagnostic techniques; emission spectroscopy; glycine; liver; metabolism; nitrogen 15; nuclear magnetic resonance; rats; urea

1. Einleitung

Für die Untersuchung des Metabolismus stickstoffhaltiger Substanzen in Mensch, Tier und Pflanze hat sich seit den Arbeiten *Schoenheimers* [1] die Markierung mit dem stabilen Isotop ^{15}N in zunehmendem Maße bewährt [2–7]. Nachteilig ist dabei lediglich, daß zerstörungsfreie Messungen an Organen nicht möglich sind. Am Menschen ist man auf Messungen an Ausscheidungen oder auf invasive Probenahmen angewiesen [3]. Die Bestimmung der relativen ^{15}N-Häufigkeit erfolgt massenspektrometrisch oder durch Emissionsspektrometrie (^{15}N-ES).

Als zerstörungsfreie ^{15}N-Meßmethode bietet sich die hochauflösende magnetische Kernresonanz (^{15}N-NMR) an [8]. Infolge der relativ niedrigen Nachweisempfindlichkeit und der geringen Quantifizierungsmöglichkeit der Meßwerte ist diese Methode bisher für Untersuchungen am Menschen und am Tier nicht angewendet worden. Lediglich einige Untersuchungen an Bakterienkulturen, Pflanzen und Zellmaterial wurden uns bekannt [9–12].

Das Anliegen der hier vorgelegten Untersuchungen ist es, die Eignung der hochauflösenden ^{15}N-NMR-Technik für die Erfassung von Stickstoffverbindungen im intakten tierischen Organ zu prüfen. Um dabei die ^{15}N-NMR-Messungen zu quantifizieren und in ihrem Aussagewert zu erweitern, sind parallel dazu ^{15}N-ES-Messungen durchzuführen. Es ist beabsichtigt, durch die Verknüpfung beider Meßmethoden eine neue Möglichkeit zur Charakterisierung der metabolischen Aktivität isolierter Organe vorzustellen.

Zu diesem Zwecke müssen zunächst die NMR-Nachweisempfindlichkeit für in vivo applizierte ^{15}N-markierte Substanzen und die Bereiche ihrer chemischen Verschiebung ermittelt werden. Anschließend sind durch unabhängige NMR- und ES-Messungen die relativen Organverteilungen

Anschriften: [1]) DDR-7050 Leipzig, Permoserstr. 15; [2]) DDR-7010 Leipzig, Linnéstr. 5; [3]) DDR-1040 Berlin, Schumannstr. 20/21

Mitteilungen / Information

LACKE HAERTEN DURCH ELEKTRONENSTRAHLUNG

Sowjetische Chemiker aus der Lack- und Farbenindustrie haben Stoffe gefunden, die unter gewoehnlichen Bedingungen fluessige monomere Substanzen darstellen, jedoch unter Einwirkung von Elektronenstrahlung oder im Licht der Blitzlichtlampe im Bruchteil einer Sekunde polymerisieren, erstarren. Gibt man ihnen spezielle Zusatzstoffe bei, entstehen verschiedene Lacke mit hohen Gebrauchseigenschaften, die fuer Moebel sowie fuer Verkleidungsmaterial aus Holz oder synthetischem Furnier Verwendung finden. Ein wichtiger Vorzug dieser Lacke besteht darin, dass sie zum Unterschied von einigen gegenwaertig gebraeuchlichen Lackarten keine gesundheitsschaedlichen, fluechtigen organischen Loesungsmittel enthalten und im Produktionsprozess nicht die Umwelt belasten. Ein weiterer wesentlicher Vorteil ist, dass die Lacke nach dem Erstarren keiner weiteren Bearbeitung beduerfen. Die Technologie fuer die Herstellung von Lacken und Farben, die durch Elektronenstrahlung hart werden und durch Blitzlicht trocknen, wurde auf der Grundlage der Standardausruestung entwickelt, und ihre Einfuehrung ist fuer die Betriebe mit keinem zusaetzlichen Aufwand verbunden. (Presse der SU, (1985)6)

EHRUNGEN

Nobelpreistraeger Prof. Dr. R. Moesbauer, Ordinarius fuer Experimentalphysik an der TU Muenchen, wurde fuer herausragende Verdienste auf dem Gebiet der Physik mit der Lomonosov-Medaille, der hoechsten Auszeichnung der sowjetischen Akademie der Wissenschaften, geehrt. (Atomwirtschaft/Atomtechnik 30(1985)6, S.283)

Kurznachrichten / Newlets

Lebensmittelbestrahlung:

LEBENSMITTELBESTRAHLUNG IN FRANKREICH

In Arnavaux in Suedfrankreich hat das franzoesische Atomkommissariat CEA gemeinsam mit anderen Organisationen vorbereitende Arbeiten fuer eine Lebensmittel-Bestrahlungsanlage gestartet. Mit dem Bau soll noch 1985 begonnen werden, der Probebetrieb koennte bereits Ende 1986 erfolgen. Nach heutigem Stand soll von CEA und regionalen Stellen eine Versuchsbestrahlungsanlage fuer Fruechte und Gemuese errichtet und betrieben werden. Eine kommerzielle Anlage fuer Halbfertiggerichte, die auf dem gleichen Gelaende errichtet wird, soll einer Privatfirma auf Leasingbasis ueberlassen werden. Diese Firma, die auch die Co-60-Quelle fuer die Bestrahlungsanlage bereitstellen soll, soll sich an den auf 35 Mio. F geschaetzten Investitionen mit 12 Mio. F beteiligen. Die Versuchsbestrahlungsanlage soll eine Co-60-Quelle mit 110 000 Ci erhalten, die kommerzielle Bestrahlungsanlage fuer eine Beladungsstaerke von 3 Mio. Ci ausgelegt werden. Das Engineering uebernimmt die Societe Generale pour les Techniques Nouvelles. (Atomwirtschaft/Atomtechnik 30(1985)6, S. 284)

USA HOFFT AUF LEBENSMITTELBESTRAHLUNG

Die in den USA u.a. fuer die Lebensmittelueberwachung zustaendige Food & Drug Administration (FDA) erwaegt, die Lebensmittelbestrahlung mit einer maximalen Dosis von 100 Kilorad (krad) freizugeben, um das Keimen, Ueberreifwerden und Faulen von Fruechten und Gemuesen zu verhindern und um Schaedlinge abzutoeten. Bei der Lebensmittelbestrahlung werden Strahlenquellen mit den Radionukliden Kobalt-60 und Caesium-137 sowie Elektronenstrahlbeschleuniger eingesetzt. Die Lebensmittelbestrahlung, fuer die in den USA bereits seit den 50er Jahren Versuchsprogramme stattfinden, soll jetzt vorangetrieben werden. Ein gemeinsames Komitee der IAEA, FAO und der WHO hat aufgrund langjaehriger Studien ueber die Strahlenkonservierung von Lebensmitteln Empfehlungen zur Freigabe der Lebensmittelbestrahlung veroeffentlicht. Die Bestrahlung von Gewuerzen wird in den USA bereits in einem gewissen Umfang praktiziert. (Atomwirtschaft/Atomtechnik 30(1985)6, S.K+U IV)

ERFAHRUNGEN MIT DER STRAHLENKONSERVIERUNG VON KARTOFFELN IN JAPAN

In einem laengeren Artikel geht die Maerz-Nummer der Zeitschrift "Atoms in Japan" auf Erfahrungen mit der Strahlenkonservierung von Kartoffeln in Japan ein. Seit 1974 steht in Shihoro auf der Insel Hokkaido eine Anlage zur Bestrahlung von Kartoffeln im Betrieb. Sie weist einen jaehrlichen Durchsatz von rund 15'000 t auf. Als Strahlenquelle dient Co-60. Die Bestrahlung mit Dosen zwischen 6'000 rad (60 Gy) und 15'000 rad (150 Gy) verhindert das vorzeitige Auskeimen. Die Strahlenkonservierung ermoeglicht laut "Atoms in Japan" eine gleichmaessigere Auslastung der Kartoffel-Verarbeitungsanlagen im Jahresablauf und traegt durch die Sicherung kontinuierlicher Beschaeftigung zur Verhinderung der Landflucht bei. Wie aus dem Artikel allerdings auch deutlich hervorgeht, reichen die Vorteile der Strahlenkonservierung nicht aus, um die sachlich unbegruendeten Vorbehalte eines Teils der Konsumenten gegenueber bestrahlten Kartoffeln schon heute zu zerstreuen. Die Bestrahlungsanlage wird durch fuenf lokale landwirtschaftliche Genossenschaften betrieben. Zwei Drittel der Baukosten von insgesamt Yen 400 Mio oder umgerechnet rund Fr. 4 Mio wurden von der Regierung aufgebracht. (SVA-Bulletin (1985) 9([siehe auch: Atomwirtschaft/Atomtechnik 30(1985)6, S. K+U III]

Strahlentechnik:

VERKNAPPUNG VON STRAHLENQUELLEN

Das amerikanische Energieministerium Department of Energy (DOE) hat beschlossen, in eigenen Reaktoren Co-60 und Cs-137 herzustellen, um der absehbaren Verknappung dieser Radionuklide fuer grosse Strahlenquellen zu begegnen. Eine Verknappung wird wegen der vorgesehenen Lebensmittelbestrahlung und der sich ausweitenden industriellen Bestrahlungsverfahren erwartet, fuer die Strahlenquellen mit einer Gesamtaktivitaet von vielen Millionen Curie benoetigt werden. Diese Strahlenquellen werden im Fall von Co durch Bestrahlung von inaktivem Material im Reaktor, im Fall von Cs durch Abtrennung aus den Spaltprodukten von verbrauchten Brennelementen gewonnen. (Atomwirtschaft/Atomtechnik 30(1985)6, S. KuU IV)

Strahlenbelastung:

U UND TH IN MINERALWASSER

Messungen im Zentrallaboratorium fuer Isotopentechnik der Bundesforschungsanstalt fuer Ernaehrung ergaben, dass Mineralwaesser zum Teil erheblich hoehere Gehalte an U und Th aufweisen als andere Lebensmittel. Die in 20 Mineralwaessern unterschiedlicher Herkunft ermittelten U und Th Gehalte zeigten als niedrigste U-238-Aktivitaet 0,5 mBq/l sowie eine niedrigste U-234-Aktivitaet von 0,8 mBq/l. Die hoechsten Messwerte lagen bei 740 mBq/l fuer U-238 bzw. 2800 mBq/l fuer U-234. Von Thorium konnte nur das Isotop Th-228 mit Aktivitaeten von 1,2-56 mBq/l nachgewiesen werden. Trinkwasserproben enthielten U-238-bzw. U-234-Aktivitaeten im Bereich von 20-30mBq/l. Aus den Untersuchungsergebnissen geht hervor, dass bei taeglichem Konsum von 1 l Mineralwasser mit dem hoechsten gefundenen Urangehalt bei einer Person eine Ingestionsstrahlendosis von insgesamt 22 µSv/Jahr (2,2 mrem/Jahr) verursacht wird. Als Grenzwert fuer natuerliches U wurde in den USA 370 mBq/l empfohlen, ein Wert, der in verschiedenen deutschen Mineralwaessern ueberschritten wurde. (Atomwirtschaft/Atomtechnik 30(1985)6, S. 281)

Kernenergie:

JAPANISCHES KERNBRENNSTOFF-ZENTRUM

Die japanische Vereinigung der Elektrizitaetserzeuger will ein Zentrum fuer den Kernbrennstoff-Kreislauf errichten und hat jetzt ihre Wahl fuer den Standort bekanntgegeben. Das Zentrum soll eine Urananreicherungsanlage mit einer Jahreskapazitaet von 1,5 Mio Trennarbeitseinheiten, eine Wiederaufarbeitungsanlage fuer 800 t ausgediente Brennelemente jaehrlich sowie ein Zwischenlager fuer schwachradioaktive Abfaelle umfassen. Es ist weltweit bisher das erste Zentrum, das die wichtigsten Dienstleistungen im Kernbrennstoff-Kreislauf zusammenfassen soll. Als Standort wurde Rokkashumura in der Aomori-Praefektur auf der im aeussersten Norden von Honshu gelegenen Halbinsel Shimokuta ausgewaehlt. (Atomwirtschaft/Atomtechnik 30(1985) 5, S. KuU II)

HOCHRADIOAKTIVE ABFAELLE

Bei dem Wiederaufarbeitungsprozess fuer abgebrannte Brennelemente aus Kernkraftwerken wird der relativ geringe Anteil von hochaktiven Abfallstoffen von den wiederverwendbaren Brennstoffen U und Pu abgetrennt. Dieser hochradioaktive Abfall liegt meist in fluessiger Form vor. Es gilt, ihn so einzubinden, dass er bis zum Abklingen der Radioaktivitaet ueber lange Zeitraeume sicher, z.B. in einem Salzstock, gelagert werden kann. Ein sicheres Verfahren ist die Verglasung nach dem in der BRD und Belgien entwickelten PAMELA-Verfahren. In einem keramischen Schmelzofen wird die Abfalloesung zuerst in einen Feststoff(Kalzinat) umgewandelt und danach bei einer Temperatur von ca. 1150°C mit Borosilikat-Glasfritte verschmolzen. Dabei wird der hochaktive Abfall zu einem chemischen Bestandteil des Glases. Anschliessend wird dieses Glas zusaetzlich noch in Edelstahlbehaelter gefuellt. (Atomwirtschaft/Atomtechnik 30(1985) 5, S. KuU III)

Energiewirtschaft:

BRENNSTOFFANTEILE AN DER THERMISCHEN STROMPRODUKTION IN FRANKREICH

Aus einer vergleichenden Uebersicht der Electricite de France (EDF) geht hervor, dass in der Elektrizitaetsproduktion dieser Unternehmung hinsichtlich der verwendeten Brennstoffe eine deutliche Verlagerung zur Nutzung von Uran eingetreten ist. Allein zwischen 1983 und 1984 hat sich bei der EDF der U-Anteil von 29,8 Millionen Tonnen Oeleinheiten (MtOE) auf 41,7 MtOE erhoeht, was einer Zunahme von 40% entspricht. In der gleichen Zeitspanne reduzierte sich der Anteil der Kohle um 19%, jener des Oels um 58% und des Gases um 33%. Der Anteil des U an der thermischen Stromproduktion der EDF betrug 1984 82%, derjenige der Kohle 14%. Auf das Oel entfielen noch 2%, auf Gas und verschiedene andere Brennstoffe je 1%. Die Elektrizitaetsproduktion der EDF betrug 1983 184,6 Mia kWh und 1984 241,1 Mia kWh, steigerte sich also um 16%. (SVA-Bulletin (1985) 9)

Nuclear energy:

OPERATING EXPERIENCE TOPS 3500 YEARS

Nuclear power reactors worldwide have now accumulated more then 3500 operating years of experience with no accident having significant harmful effects on the public. Confirmed data supplied to the IAEA by nearly all of the 26 countries in which nuclear power is now used for electricity generation show that at the end of 1984 there were 344 reactor units connected to the grid, accounting between them for 219 115 MW of generating capacity. Another 180 units were under construction: when on-line, these will add a further 162894 MW of capacity to the total. Thirty three reactor units were connected to the grid for the first time during the year, increasing the world total of nuclear generating capacity by more than 31 000 MW. The share of nuclear in world electricity production is now about 13 per cent. (Atom (1985)343)

Nuclearmedizin:

HOCHREINES J-123 VERFUEGBAR

Nach einer Mitteilung von dem Kernforschungszentrum Karlsruhe (KfK) gelang es dort, die Reinheit von routinemaessig hergestelltem Jod-123 derart zu verbessern, dass sich neue Ausblicke fuer die Anwendung dieses wichtigen nuklearmedizinischen Radionuklids abzeichnen. Durch eine besondere Verfahrenstechnik wird es moeglich, routinemaessig einen Reinheitsgrad von 99,99% zu erreichen. Dadurch laesst sich die bisher durch Verunreinigungen bewirkte unerwuenschte Strahlenbelastung des Patienten um einen Faktor 60 senken. Bei der haeufigsten Anwendung von J-123, der Schilddruesenfunktionsdiagnose, sinkt die Dosis auf den strahlenbiologisch geringen Wert von weniger als 30 mrad. Die Verunreinigungen entstehen bei der J-123-Herstellung durch die Protonenbestrahlung, die auch zu unerwuenschten Jodisotopen mit laengerer Lebensdauer fuehrt. (Atomwirtschaft/Atomtechnik 30 (1985) 6)

AUFSCHWUNG DER NUKLEARMEDIZIN AUCH IN GROSSBRITANNIEN

Eine Statistik aller nuklearmedizinischen Aktivitaeten Grossbritanniens im Jahre 1982 ergab folgendes Bild:
380 000 Untersuchungen entsprachen einem Anteil von 6.8 Promille der Bevoelkerung. Sie verteilten sich auf 84% bildgebende und 13% nicht bildgebende Diagnossen und 3% Therapie mit Radionukliden. 25% aller Untersuchungen betrafen Knochen-Scans, und Tc-99m war in 75% aller Faelle das Radionuklid der Wahl. Gammakamera-Untersuchungen ueberstiegen die Scanner-Untersuchungen mit einer Jahresauslastung von 922 Patienten.
Im internationalen Vergleich lag Grossbritannien insgesamt an 8. Stelle. Die USA wiesen bereits fuer 1978 die fuenffache Leistungsdichte aus (36,7·Untersuchungen pro 1000 Einwohnern.
(The British J. Radiology 58(1985), S. 125-130)

Entsorgung:

PRAEHISTORISCHES ENDLAGER

Die erste Kettenreaktion in einem von Menschen errichteten Kernreaktor lief 1942 in einer Versuchsanordnung unter der Tribuene eines Chicagoer Fussballstadions ab. Sie gilt allgemein als die Geburtsstunde der Reaktortechnik. 30 Jahre spaeter entdeckten franzoesische Wissenschaftler, dass die Natur dieser Erfindung weit vorausgeeilt war: Vor etwa 2Milliarden Jahren hatten sich in Uranlagerstaetten in Gabun Kettenreaktionen ereignet, die jeweils 100 000 Jahre oder laenger aufrechterhalten blieben. Heute sind 13 solcher "Naturreaktoren" bekannt. Die Geschichte dieser Entdeckung, die weltweit als Sensation empfunden wurde, ist ein naturwissenschaftlicher Thriller. Die franzoesische U-Anreicherungsanlage bezieht ihren Energierohstoff U aus Frankreich oder aus ehemaligen ueberseeischen franzoesischen Besitzungen. Die Oklo-Minen im afrikanischen Staat Gabun sind ein wichtiger Lieferant. Das Natururan, das heute in vielen Laendern der Erde abgebaut wird, hat bei seinen beiden wichtigsten Atomsorten (Isotopen) U-235 und U-238 ueberall die gleiche Zusammensetzung, naemlich ein Verhaeltnis von rund 0,7:99,3. Bevor U angereichert wird - wobei die "leichtere" Sorte U-235 auf einen Anteil von 3-4% gebracht wird - misst man routinemaessig die Isotopenverhaeltnisse des Naturuns. Bei Lieferungen aus der Oklo-Mine stellten die franzoesischen Techniker 1972 fest, dass der Anteil des U-235 zum Teil weit unter 0,7% lag, bei manchen Proben sogar bei nur 0,3%. Dieses bis dahin unbekannte Phaenomen fuehrte auf die Spur einer natuerlichen Kettenreaktion. Denn bei der Kernspaltung, wie sie z.B. in unseren technischen Reaktoren in Form einer sich selbst erhaltenden Kettenreaktion ablaeuft, wird der Anteil des U-235 beim Betrieb immer geringer, da diese Uranatomsorte das eigentlich "spaltbare" U ist. Die Untersuchungen vor Ort in Gabun zeigten, dass die zunaechst gewagte Spekulation zutraf: Es musste eine langanhaltende natuerliche Kettenreaktion stattgefunden haben. Das konnte nur unter aussergewoehnlichen Bedingungen geschehen, die vorher und nachher bei keiner anderen U-Lagerstaette vorgefunden wurden. Man entdeckte nach und nach 13 U-Stellen, in denen Kettenreaktionen abgelaufen waren, die alle innerhalb eines kleinen Umkreises von nur 200 m liegen. Woher weiss man so sicher, dass grosse U-Mengen – insgesamt 12 000 t U-235 – gespalten wurden (diese Menge entspraeche uebrigens dem Jahresbedarf von etwa 12 000 grossen heutigen Leichtwasserreaktoren)? Beim Reaktorbetrieb entstehen u.a. langlebige Spaltprodukte, die zwar nach einer so langen Zeit wie beim Oklo-Uran, in stabile Nuklide uebergegangen und nicht mehr direkt nachweisbar sind. Sie lassen sich jedoch mit modernen hochempfindlichen Massenspektrometern als Unterschiede in der Isotopenzusammensetzung in den Mineralien genau feststellen und daraus kann die ursprüngliche Radioaktivitaet bestimmt werden. Auch beim Betrieb unserer Leistungsreaktoren entstehen u.a. Spaltprodukte. Sie werden in Glas eingeschmolzen, in Edelstahl verpackt und in tiefen geologischen Formationen gelagert. In Oklo blieben diese Stoffe in einer Menge, die aus dem Reaktorbetrieb der heutigen Weltkapazitaet im Dauereinsatz erst nach ca. 40 Jahren zusammenkaeme, sich selbst und ihrer natuerlichen Umgebung ueberlassen. Und das ist die Lehre aus den eingehenden bis heute andauernden Untersuchungen. Die Stoffe, die wir der Endlagerung zufuehren wollen und vor denen es gilt die Biosphaere zu schuetzen, sind in dem langen geologischen Zeitraum in Oklo ohne jede Schutzvorkehrung kaum gewandert. Selbst die wanderfreudigsten bewegten sich nur mit einer Geschwindigkeit von ca. 10 m in einer Million Jahren. Die technische Endlagerung der radioaktiven Abfaelle verlaesst sich trotzdem nicht auf die Natur. Mehrere Barrieren und ein wohldurchdachtes Endlagersystem schuetzen die Biosphaere zusaetzlich vor einem Zutritt der radioaktiven Stoffe. (Atomwirtschaft/Atomtechnik 30 (1985) 5, S. KuU I) –

Geochronologie:
LASER DATIERT SEDIMENTGESTEINE

Bisher gab es keine direkte Messmethode zur Altersbestimmung von Sedimentschichten. Wissenschaftler der Kanadischen Simon Fraser University, Burnaby, Kanada, haben jetzt ein einfaches Direktverfahren entwickelt und in Nature (Vol. 313, 1985, 105) publiziert. Es aehnelt dem Prinzip der Thermolumineszenz oder Elektronenspinresonanz und beruht auf der Strahlung der natuerlich vorkommenden Isotope K-40, Th-232 und U-238. Die Strahlung regt in den Mineralien Elektronen an. Da in natuerlichen Kristallen immer Fehlstellen vorhanden sind, sammeln sich dort Elektronen und werden wie in einer Falle festgehalten. Je mehr Zeit vergeht, um so groesser die Zahl der Elektronen. Diese Nischen stellen somit die eigentliche Uhr fuer die Sedimente dar. Wie kann man nun die Zeit ablesen? Das geschieht dadurch, dass man sie mit Licht bestrahlt. Die drei Wissenschaftler benutzten einen Argon-Laser. Die Elektronen fallen dadurch in ihren ursprünglichen Energiezustand zurueck und geben eine Strahlung bestimmter Wellenlaenge ab. Die Lichtintensitaet entspricht dem jeweiligen Alter des Sediments. Die Uhr beginnt zu zaehlen, wenn das Sediment zum letzten Mal unmittelbar dem Licht ausgesetzt war und dann bedeckt blieb. (Bild der Wissenschaft (1985) 5)

Veröffentlichungen / Publications

UNITED KINGDOM ATOMIC ENERGY AUTHORITY

AERE-M 3411
X-Y graph manipulation on the HVLVAX 11/730 : GRAPH and subroutines - a user guide - October, 1984, 36pp, J. Asher

AERE-M 3433
A filter paper counting system incorporating a segmented alpha particle detector - November, 1984, 16pp, L.G. Hutchinson and B.D. Green

AERE-R 11242
Biological and chemical characterisation of landfills(IV) Little Packington landfill West Midlands - November, 1984, 17pp, J.F. Rees, J.B. Brice et al.

AERE-R 11352
Use of the Harwell 6000 series integrated counting system as a multichannel analyser and self-compensating single channel analyser - September, 1984, 19pp, B.D. Green and I.G. Hutchinson

AERE-R 11406
Estimating waste management costs for pre-design and preliminary design purposes - August, 1984, 54pp, P.E. Rushbrook

AERE-R 11418
Projectile charge dependence of heavy ion stopping - October, 1984, 104pp, P.M. Read

AERE-R 11464
Complete and incomplete fusion and pre-equilibrium emission in heavy ion reactions sharing the compound nucleus Cu-63 - September, 1984, 258pp, D.J. Parker

AERE-R 11521
A simple finite-element well model - November, 1984, 25pp, C.P. Jackson and P.C. Robinson

CLM-R 245
A currency exchange rate for use in technical comparisons - May, 1984, 9pp, D.E.T.F. Ashby

SRD-R 310
The assessment of Individual and Societal Risks - December, 1984, 23 pp, M. Considine

Ausgewählte Beiträge / Recently published papers

JADERNA ENERGIE 31(1985)5 (in Czech)

Research work of the INR for Czechoslovak nuclear program - M. Hron

Results and perspectives of material research for nuclear energy - J. Koutsky

Research of management of radioactive wastes from nuclear power plants in Nuclear Research Institute - L. Neumann et al.

Research , development and production of cyclotron produced radionuclides for diagnostic nuclear medicine - P. Kopecky et al.

J. RADIOANAL. NUCL. CHEM. ART. 89(1985)1

Study of trace elements in milk by nuclear analytical techniques - A. Gharib et al.

Tc-99m-Cu-citrate: A new complex for renal function studies - A.M. Al-Hilli et al.

Determination of alpha activity ratios by alpha spectrometry in the presence of large amounts of uranium - G. Chourasiya et al.

Labelling of castor oil for myocardial study - E. Hallaba et al.

Radiochemical neutron activation analysis for arsenic, cadmium, copper and molybdenum in biological matrices - Wei-Zhi Tian, W.D. Ehmann

Measurements of relative thick target yields for PIGE analysis on light elements in the proton energy interval 2,4-4,2 MeV - A.Z. Kiss et al.

Accurate gamma ray spectrum analysis - S.I. Najafi, M. Fedoroff

Critical evaluation of the effective resonance energy concept and the epithermal neutron spectrum shape-factor α for reactor NAA purposes - J. Op de Beeck

A review on activation analysis of air particulate matter - A. Alian, B. Sansoni

Neutron activation analysis of trace metals in the hair and organs of small animals treated chronically with Hg and Mn. A study of biological monitoring of the environment - S. Ohmori, K. Hashimoto

Epithermal neutron activation analysis for trace amounts of thorium in geological samples. Some comments - E. Steinnes

Analysis by nuclear reactions and activation - E. Bujdosó

J. RADIOANAL. NUCL. CHEM. ART. 88(1985)2
Adogen amines as extractants for zirconium (IV) - I.S. El-Yamani, F.A. Abd El-Aleim

Studies on extraction of indium (III) chloride complexes by long-chain amines - I.S. El-Yamani, E.I. Shabana

Distribution of thorium in human tissues - D.D. Jaiswal, H.S. Dang, C.M. Sunta

Application of the radioreagent method for trace determination of lead - A.M.G. Figueiredo et al.

Studies on extraction of thorium (IV) from sulfate media with mixtures of long-chain primary amines and tributyl phosphate - I.S. El-Yamani, E.I. Shabana

Simple and direct determination of active ingredients in drugs by neutron activation analysis - G.D. Kanias, N.H. Choulis

Determination of radioactive nuclides of uranium and thorium series and estimation of α-flux in LSI constituent materials - H. Yonezawa, K. Kudo

Synthesis and radiolabelling of N-acetanilido-iminodiacetic acid analogues with MEK extracted Tc-99m - D.V.S. Narasimhan, R.S. Mani

J. RADIOANAL. NUCL. CHEM. LETT. 93(1985)5
Temperature dependence of pulse-height distribution in liquid scintillator - Y. Homma et al.

Radiochemical analysis of Po-210 in coal gasification samples - L.M. Roseberry, T.G. Scott

Substoichiometric determination of iridium using PAN as a reagent - K. Ashok Rao et al.

Radiochemical determination of antimony - K. Ashok Rao, B. Rangamannar

Theoretical and experimental study of the adsorption on radioactive gases on continuous flow columns - V. Friedrich, I. Lux

J. RADIOANAL. NUCL. CHEM. LETT. 94(1985)2
Quantification of Tc-99 by liquid scintillation counting: An evaluation of chemical quenching by liquid chromatographic eluents - B.L. Lawson et al.

Determination of thallium in environmental samples by activation analysis with fast reactor neutrons - A. de Ruck, R. Dams

Titrimetric determination of uranium in the presence of plutonium in sulphuric acid medium - G.A. Rama Rao et al.

Radiochemical quality control of Tc-99m-phytate - M.A.A. Al-Janabi, Y.F. Shafig

J. RADIOANAL. NUCL. CHEM. LETT. 94(1985)3
Cyclotron production of Cl-34m for biomedical use - S. Helus et al.

Determination of uranium by fluorescence method - J. Krtil et al.

The preperation of astatine labelled tyrosine using an electrophilic reaction - Yu.V. Norseyev

ATOMWIRTSCHAFT/ATOMTECHNIK 30(1985)4
25 Jahre NUKEM - E. Leischner

Kernenergie-Entwicklung in Frankreich - G. Vendryes

Neue Kernkraftwerke in der BRD 1985 (Teil I des Berichtes ueber Bauvorhaben und Projekte in Europa)

Sicherheitstechnische Begutachtung fuer die geplante deutsche Wiederaufarbeitungsanlage - W. Stuermer

Berechnungsverfahren zur Ermittlung der Temperaturverteilung - R. Schoenefeld

Kerntechnische Aus- und Weiterbildung - A. Sauer

ATOMWIRTSCHAFT/ATOMTECHNIK 30(1985)5
Uebermittlung der Kunde vom Atommuell in ferner Zukunft - E. Merz

Frueherkennung von Fehlern und Schaeden in Kernkraftwerken - W. Bastl

Technologischer Nebennutzen nuklearer Grossprojekte - M. Petroll

EDV-Einsatz zur Verbesserung der Prozesskontrolle in einer Wiederaufarbeitungsanlage - A. Alberti et al.

Analysentechniken bei der Entsorgung abgebrannter Kernbrennstoffe - G. Baumgaertel, E. Mainka

Chemie des Spaltiods beim DWR-Auslegunge-Stoerfall - R. Foerthmann et al.

Chemische Reaktionen des Spaltiods beim hypthetischen DWR-Kernschmelzenunfall - W. Morell et al.

Tagungsberichte:
Endlagerung - Aufgaben fuer die Forschung (Bericht ueber die AGF-Vortragsveranstaltung "Endlagerung" in Bonn-Bad Godesberg)

Befoerderung von Kernmaterial (Bericht ueber die Wintertagung des Deutschen Atomforums in Bonn)

ATOMWIRTSCHAFT/ATOMTECHNIK 30(1985)6
Funktion und Betrieb moderner Leichtwasserreaktoren - R. Ettemeyer

Internationale Kernmaterialkontrolle fuer Wiederaufarbeitungsanlagen - R. Gerstler et al.

Neue Kernkraftwerke in Europa 1985 (Teil II) - atw-report

ATOMS (1985) 339
Electricity generation options from alternative sources

IVC would validate PWR inspection in the UK

Radioactive waste management can be very safe indeed

No loss of resolution with scanning laser microscope (A development for remotely scanning radioactive samples)

ATOMS (1985) 340
French fast reactor programme matures - D.Grist

Radioactive waste management (A report on the recent London conference)

Impediments to shipping spent nuclear fuel in the USA - F.L. Danese, C.R. Johnson

BNFL plans more radioactive discharge cuts

von [$^{15}N_2$]Harnstoff und [^{15}N]Glycin in der Ratte zu bestimmen und zu vergleichen, um die Möglichkeiten zusätzlicher Aussagen zu demonstrieren.

An frisch entnommenem und dann über längere Zeit gelagertem Lebergewebe von Ratten, die in vivo eine hohe [^{15}N]Glycindosis erhalten hatten, wollen wir dann eine erwartete Abnahme des Glycinspiegels der Leber durch die beiden unabhängigen Meßmethoden verfolgen. Der Vergleich mit ^{15}N-ES-Messungen soll zeigen, daß es mit Hilfe der ^{15}N-NMR-Spektroskopie möglich ist, die metabolische Aktivität von entnommenen Organen kontinuierlich und zerstörungsfrei zu verfolgen.

Die Arbeiten dienen außerdem der Vorbereitung von Verlaufsuntersuchungen am lebenden Tier.

2. Material und Methoden

In Vorversuchen zur Ermittlung der Nachweisgrenze für ^{15}N in Organproben wurden bei Wistarratten von durchschnittlich 250 g Körpermasse in Ketamin-Narkose die Nierenstiele unterbunden. Anschließend wurden den Ratten 100 bzw. 200 mg [$^{15}N_2$]Harnstoff (96,0 At.-% ^{15}N; Isocommerz GmbH) in 0,5 ml isotonischer NaCl-Lösung i. v. appliziert. Nach 30 min wurden die Ratten getötet und entblutet, und an einzelnen Organen wurden ^{15}N-NMR- und ^{15}N-ES-Messungen vorgenommen.

Für die Hauptversuche erhielten fünf Wistarratten von durchschnittlich 250 g Körpermasse in Ketamin-Narkose je 400 mg oder 200 mg [^{15}N]Glycin (96,5 At.-% ^{15}N; Isocommerz GmbH) in 1,5 ml isotonischer NaCl-Lösung i. p. appliziert. Bei drei Ratten nach 5 min sowie bei je einer Ratte nach 8 min und nach 20 min wurden Blut, Leber, Nieren, Harn und Muskel entnommen und nach der ^{15}N-NMR- und der ^{15}N-ES-Methode untersucht [13]. Die Lebern wurden sofort in drei bis vier Proben geteilt, die unter gleichen Bedingungen (bei 4 °C oder bei 37 °C) gelagert wurden. Während eine dieser Proben ohne weitere Vorbehandlung in bestimmten Abständen wiederholt im NMR-Gerät gemessen wurde, wurden die Parallelproben nach definierten Lagerungszeiten mit 10%iger Trichloressigsäure (TCA) denaturiert. Entsprechend wurden die übrigen Organproben nach erfolgter ^{15}N-NMR-Messung behandelt.

Die ^{15}N-NMR-Messungen wurden an einem im Wissenschaftsbereich Experimentalphysik der Sektion Physik der Karl-Marx-Universität entwickelten Doppelresonanz-Impulsspektrometer mit resistivem Magneten (2,11 T) bei 9,12 MHz durchgeführt. Der Probendurchmesser betrug 15 mm. Für die Messungen wurde mit jeweils ca. 3 ml nativem Organmaterial gearbeitet. Unterschiede in den Gewebedichten und die unterschiedlichen Wassergehalte der Organe blieben unberücksichtigt.

Die NMR-Untersuchungen zur Harnstoffverteilung erfolgten bei Raumtemperatur (26 °C). Jeweils 1024 Einzelsignale wurden bei einer Wiederholrate von 2 s akkumuliert. Die Anregung erfolgte mit 45°-Impulsen (6 µs). Zur Signalverstärkung wurde ein spezielles Doppelresonanzexperiment angewandt [14].

Die ^{15}N-Messungen an den Glycin-Proben wurden jeweils bei 4 °C durchgeführt. Auch hier wurde das Doppelresonanzverfahren eingesetzt. Die Aufnahmezeit pro ^{15}N-Spektrum betrug hier jeweils 8,5 min (1024 × 0,5 s) bei 25°-Anregung. Da es bei diesen ersten Untersuchungen nur auf die Messung der relativen Konzentrationen bzw. die Ermittlung der Konzentrationsänderungen ankam, erfolgte keine Korrektur der Sättigungseffekte. Aufgenommen wurden in allen Fällen die entkoppelten NMR-Spektren. Nähere Einzelheiten zur ^{15}N-NMR-Meßmethodik und zur Theorie werden an anderer Stelle veröffentlicht [14a].

Die ^{15}N-ES-Isotopenanalyse erfolgte an dem im Zentralinstitut für Isotopen- und Strahlenforschung Leipzig entwickelten ^{15}N-Analysator NOI-6 [15]. Von den Organproben wurden Gesamtstickstoff und Gesamt-^{15}N-Gehalt bestimmt (durch *Kjeldahl*-Aufschluß eines Aliquots der Probe gemäß [3]). Nach Abtrennung der durch TCA ausfällbaren Proteine wurde der Nichtproteinstickstoff (NPN) und dessen ^{15}N-Gehalt bestimmt. Die Hauptmenge der NPN-TCA-Lösung wurde einer Adsorptions-Ionenaustausch-Chromatographie an Polystyrensulfonsäuren (Dowex 50 WX8) unterzogen. Dabei gelang eine Auftrennung der interessierenden NPN-Bestandteile der Organe. An diesen Eluatfraktionen konnten wiederum N- und ^{15}N-Bestimmungen vorgenommen werden. Die Fraktion der sauren und neutralen Aminosäuren wurde durch Dünnschichtchromatographie auf Fixion-50 × 8-Platten (Chinoin Nagytétény, Ungarn) weiter aufgetrennt. An ausgewählten Aminosäuren wurde die ^{15}N-Markierung bestimmt.

3. Ergebnisse und Diskussion

In Abb. 1 sind die aus NMR-Messungen an wäßrigen Lösungen bestimmten Bereiche der chemischen Verschiebungen der applizierten bzw. einiger der als Metabolite erwarteten ^{15}N-markierten Verbindungen zusammengestellt. Die hinreichend klare Trennung der ^{15}N-Resonanzen unter in-vivo-Bedingungen ist eine Voraussetzung für die beabsichtigte Identifizierung der applizierten Verbindung neben möglichen Metaboliten im Organ (siehe Abschnitt 3.3.).

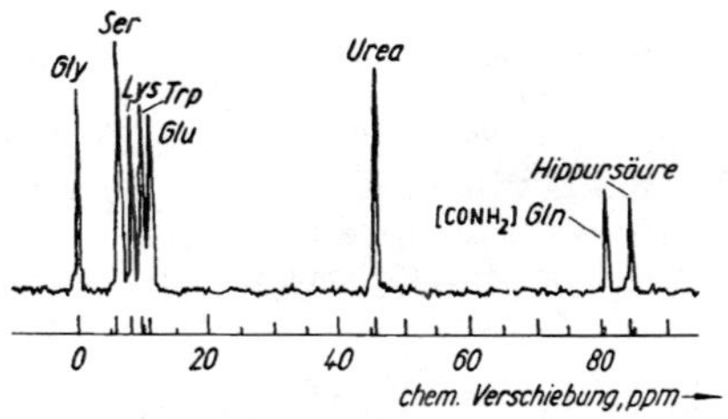

Abb. 1. Gemessene Bereiche der chemischen Verschiebungen ^{15}N-markierter Substanzen (in isotonischer NaCl-Lösung)

Gly	[^{15}N]Glycin	Glu	L-[^{15}N]Glutaminsäure
Ser	DL-[^{15}N]Serin	Urea	[$^{15}N_2$]Harnstoff
Lys	L-[α-^{15}N]Lysin	[$CONH_2$]Gln	L-[$CO^{15}NH_2$]Glutamin
Trp	L-[α-^{15}N]Tryptophan	Hipp	[^{15}N]Hippursäure

(Katalogprodukte der Fa. Isocommerz Berlin)

3.1. [$^{15}N_2$]*Harnstoff-Verteilung im Körper*

Um über ^{15}N-NMR-Messungen Aussagen zur Verteilung von i. v. appliziertem Harnstoff auf verschiedene Organe der Ratte zu erhalten, sind relativ hohe Dosen erforderlich (unter den vorliegenden Bedingungen: 0,1 mg ^{15}N/g KM). In Tab. 1 sind für Leber, Serum und Muskel die relativen NMR-Signalintensitäten des [$^{15}N_2$]Harnstoffs den emissionsspektrometrisch ermittelten relativen ^{15}N-Häufigkeiten des Gesamtstickstoffs und den daraus berechneten ^{15}N-Massen gegenübergestellt. Bei einer Harnstoffdosis von 100 mg findet man nach 30 min eine annähernde Gleichverteilung auf die genannten Organe. Bei einer 200-mg-Dosis ist die Konzentration im Serum deutlich höher als im Muskel und in der Leber.

Tab. 1. Relative ^{15}N-NMR-Signalintensitäten des Harnstoffs im Vergleich zu chemisch und emissionsspektrometrisch ermittelten ^{15}N-Gesamtmassen in Rattenorganen 30 min nach intravenöser Applikation von [$^{15}N_2$]Harnstoff (96,0 Atom-% ^{15}N) in 0,5 ml isotonischer NaCl-Lösung

Tier	Applizierte Menge mg	Organ	NMR-Signalintensität (rel. zur Leber)	Stickstoff-gehalt mg N/g Organ	rel. ^{15}N-Häufigkeit At.-%	Gesamt-^{15}N-Masse mg/g Organ
I-1	100	Leber	1,0	34,9	1,02	0,36
		Serum	1,2	26,5	1,31	0,35
		Muskel		33,8	0,99	0,33
I-2	200	Leber	1,0	31,6	1,51	0,48
		Serum	2,7	25,6	2,17	0,56
		Muskel	1,7	31,7	1,46	0,46

Tab. 2. Relative ^{15}N-NMR-Signalintensitäten des Glycins im Vergleich zu verschiedenen ^{15}N-Massen in Rattenorganen zu unterschiedlichen Tötungszeiten Δt nach intravenöser Applikation von [^{15}N]Glycin (96,5 Atom-% ^{15}N)

Tier	Applizierte Substanz und Menge	Δt min	Organ	[^{15}N]Glycin-NMR-Signal-intensität (rel. zur Leber)	^{15}N-Gehalt im Gesamt-N (rel. zur Leber)	^{15}N-Masse (µg/g Organ) im Gesamt-N	im NPN	davon: in Amino-säuren I**)	in Harnstoff u. NH_3	in Hippur-säure
1	2	3	4	5	6	7	8	9	10	11
II-1	400 mg [^{15}N]Gly	5	Leber	1	1	700	640	490	14	0,4
			Serum	1,3	1,2	830				
			Niere	2,5	1,6	1100	1020	930	41	
			Muskel	0,6	0,4	280	205	200	1,5	
II-2	400 mg [^{15}N]Gly	8	Leber	1	1	700	600	400	21	0,7
			Serum	1,1	1,1	740				
			Niere	2,5	1,6	1120	1000	700	52	
			Muskel	0,2	0,3	240	150			
II-3	200 mg [^{15}N]Gly +100 mg Na-benzoat	5	Leber	1	1	650	560	230	23	4,0
			Serum	0,4	0,4	300	240			
			Muskel		0.2	160	150	70	2	1,0
			Niere	1,0	0,8	560	480	390	27	20,0
II-4	400 mg [^{15}N]Gly +200 mg Na-benzoat	5	Leber	1	1	770				
			Serum	1,3	1,3	980		235	2	2,3
			Niere		1,3	1030				
II-5	400 mg [^{15}N]Gly + 100 mg Na-benzoat	20	Leber	*)	1	260				
			Serum	*)	1	250		30	6,4	5
			Niere	*)	0,6	150				
			Harn	*)	5,3	1370		140	72	435

*) NMR-Signal des [^{15}N]Glycins nicht meßbar
**) neben Glycin hauptsächlich Serin, Glutamin u. Glutaminsäure

Im Unterschied zu den ^{15}N-NMR-Messungen schließen die isotopenanalytisch ermittelten ^{15}N-Gesamtwerte außer dem Harnstoff-^{15}N auch solche ^{15}N-Atome ein, die zwischenzeitlich in Moleküle anderer Verbindungen eingebaut wurden. Infolge der unterbrochenen Nierenstiele und der unphysiologisch hohen Harnstoffgaben kann man eine erhöhte Harnstoffspaltung und anschließende Stickstoff-Reutilisierung erwarten [16, 17].

Eine chromatographische Abtrennung verschiedener Inhaltsstoffe des Blutes vom Bluthamstoff bestätigte diese Annahme: Unter den gewählten Bedingungen waren nach 30 min etwa 6% des Harnstoff-^{15}N in andere Verbindungen eingebaut worden.

3.2. *[^{15}N]Glycin-Verteilung im Körper*

Auch für das [^{15}N]Glycin-Signal wurde durch Vergleichsmessungen eine untere Nachweisgrenze von 0,1 mg ^{15}N/g KM ermittelt. Das entspricht ~ 0,5 mg [^{15}N]Glycin/g KM.

In Tab. 2 wurden die Ergebnisse von ^{15}N-Markierungsversuchen an 5 nicht vorbehandelten Ratten zusammengefaßt, bei denen die ^{15}N-Verteilung in einzelnen Organen in Abhängigkeit von Δt (Zeitraum zwischen Applikation und Organentnahme) interessierte. Hier wurde bis Δt = 8 min eine direkte Proportionalität zwischen den ^{15}N-NMR-Daten und den ^{15}N-ES-Daten gefunden: Sowohl die [^{15}N]Glycin-Konzentration als auch der ^{15}N-Gehalt des Gesamtstickstoffs ist bei den Tieren II-1, II-2 und II-4 am geringsten im Muskel und am höchsten in der Niere (Muskel < Leber < Serum < Niere). Die im Falle der Niere mit den zwei Methoden unterschiedlich gefundenen Zahlenwerten (2,6 ↔ 1,6) sagen aus, daß in der Niere der Aminosäure-^{15}N-Anteil am ^{15}N-Gesamt-N signifikant höher ist als in den anderen Orgnen. Dieser Befund wird durch den Vergleich der isotopenanalytisch ermittelten ^{15}N-Massen (Spalten 7 und 9 der Tab. 2) bestätigt. Bei dem Tier II-3 äußert sich die geringere Dosis und beim Tier II-5 die längere Einwirkungszeit des [^{15}N]Glycins in einer Verschiebung der relativen ^{15}N-Verteilung. Ein Teil des ^{15}N war vom Tier II-5 bereits mit dem Harn ausgeschieden worden.

Bei den Tieren II-1, II-2 und II-3 wurden die ^{15}N-Massen außer für Gesamt-N auch für NPN bestimmt (Tab. 2). Sie sind nur wenig niedriger als die des Gesamt-N.

Das spricht dafür, daß innerhalb der kurzen Einwirkungszeiten ($\Delta t \leqq 8$ min) nur ein geringer ^{15}N-Einbau in Proteine stattfindet.

Die durch NMR-Direktmessung ausgewiesenen relativen [^{15}N]Glycin-Mengen wurden für die einzelnen Organe nach chromatographischer Auftrennung der NPN-Bestandteile an der Fraktion der sauren und neutralen Aminosäuren durch N- und ^{15}N-Analysen bestätigt. Die dazu in Tab. 2 angeführten ^{15}N-Massen sind infolge der kurzen Einwirkungszeiten des [^{15}N]Glycins (Tiere II-1 bis II-4) praktisch nur dem Glycin zuzuordnen. Die als Harnstoff-^{15}N und Ammonium-^{15}N gefundenen ^{15}N-Massen sind entsprechend gering. Der Einfluß einer zusätzlichen Natriumbenzoat-Gabe äußert sich im verstärkten Auftreten von [^{15}N]Hippursäure. Für ^{15}N-NMR-Messungen waren diese Mengen dennoch zu gering. Auch das [^{15}N]Glycin war in den Organen des Tieres II-5 ($\Delta t = 20$ min) NMR-spektroskopisch nicht mehr eindeutig nachweisbar.

Trotz identischer Versuchsbedingungen muß davon ausgegangen werden, daß die geringe Anzahl der Versuchstiere Verallgemeinerungen noch nicht erlaubt.

3.3. Darstellung der metabolischen Aktivität frisch entnommener Lebern

An frisch entnommenem und bei +4 °C bzw. +37 °C über 8 Stunden gelagertem Lebergewebe wurde durch Vergleich von ^{15}N-NMR-Messungen mit parallel durchgeführten ^{15}N-ES-Messungen untersucht, inwieweit die verbliebene metabolische Aktivität mit Hilfe von [^{15}N]Glycin charakterisiert werden kann.

In Abb. 2 wurden die Intensitäten des [^{15}N]Glycin-Signals in vier Rattenlebern gegen die Zeit aufgetragen. Im gleichen Maßstab wurden außerdem [^{15}N]Glycin-Massen eingetragen, die an parallel entnommenen, probenchemisch aufgearbeiteten Gewebeproben über ES-Messungen bestimmt wurden. Die Werte stimmen gut überein. Auf der Grundlage dieser Doppelmessungen kann man den NMR-Signalen die zugehörigen [^{15}N]Glycin-Massen zuordnen.

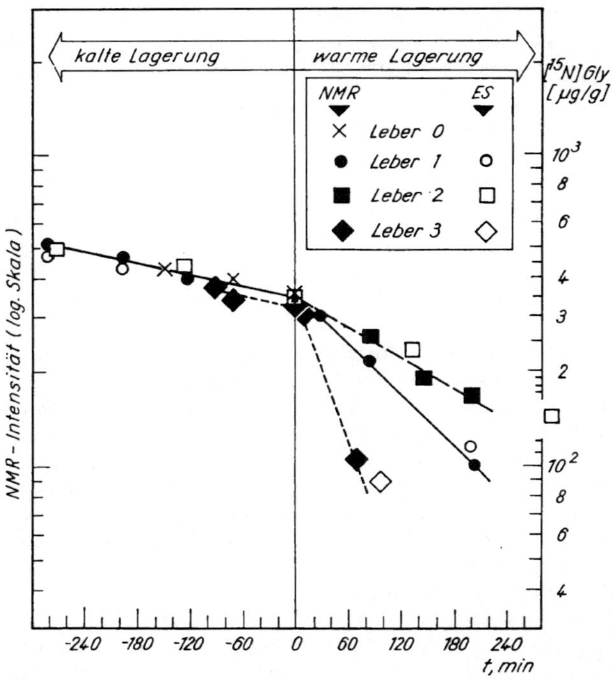

Abb. 2. Rückgang der Glycinkonzentration in der isolierten Leber. Nachweis durch gleichzeitige ^{15}N-NMR-Messungen (linke Skala) und ^{15}N-ES-Messungen (rechte Skala)

Ermittelte Biotransformationshalbwertszeiten $t_{1/2}$

– bei 4 °C (alle Tiere):	600 min
– bei 37 °C	
Leber 1 (Δt = 5 min):	170 min
Leber 2 (Δt = 8 min):	260 min
Leber 3 (Δt = 5 min; Benzoatbelastung):	50 min

Die durch die Messungen ausgewiesene Abnahme der [^{15}N]Glycinkonzentration verläuft nach einem Geschwindigkeitsgesetz erster Ordnung. Die Neigungen der Geraden spiegeln die Abhängigkeit von den Versuchsbedingungen wider. Für die Lebern 1 und 2 werden trotz identisicher Lagerungsbedingungen (+37 °C, ohne Benzoatbelastung) unterschiedliche Geschwindigkeiten ausgewiesen. Dies kann mit der bei der Leber 2 längeren in-vivo-Einwirkungszeit des Glycins ($\Delta t = 8$ min) erklärt werden.

Pharmakokinetisch war die durchgängige Befolgung einer Kinetik erster Ordnung von uns nicht erwartet worden, denn die [^{15}N]Glycin-Umwandlung sollte das Resultat zweier sich überlagernder Prozesse sein:

1. konzentrationsabhängige [^{15}N]Glycin-Biotransformation (bei konstanter metabolischer Aktivität der Leber);
2. Abklingen der metabolischen Aktivität der isolierten Leber.

Aufgrund unserer Messungen, die ein Abknicken der Kurven nicht nachweisen, ist der an zweiter Stelle genannte Prozeß während der Versuchszeit noch nicht meßbar wirksam geworden. Somit ergeben sich aus dem Anstieg der Kurven die Eliminationshalbwertszeiten $t_{1/2}$ oder – genauer gesagt – die Biotransformationshalbwertszeiten; denn die Ausscheidung als Komponente der Elimination ist auszuschließen. Die Bestimmung von Enzymaktivitäten an isolierten Lebern [18] stützt diese Interpretation.

Dieses Prinzip der in-vivo-Direktbestimmung kinetischer Daten durch ^{15}N-NMR-Messungen nach Eichung auf der Basis von ^{15}N-ES-Messungen eignet sich vor allem für Verlaufsuntersuchungen am lebenden Tier.

Neben kinetischen Daten – wie Eliminationskonstanten – können durch ^{15}N-NMR-Direktmessungen auch Metabolite erfaßt werden, vor allem, wenn sie als Zwischenstufe auftreten und ihr Konzentrationsmaximum ermttelt werden soll. Ein Beispiel ist in Abb. 3 angegeben. Man er-

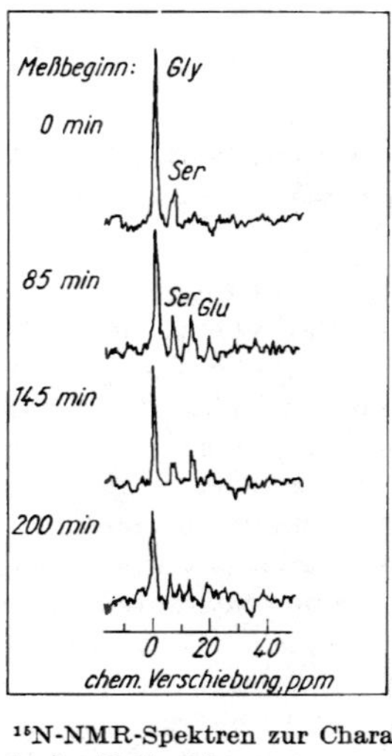

Abb. 3. ^{15}N-NMR-Spektren zur Charakteristik des Glycinmetabolismus in der Rattenleber

Versuchsbedingungen: Δt = 8 min nach Injektion von 400 mg [^{15}N]Glycin; Lagerung bei 37 °C

kennt, daß im Verlauf der Lagerung neben dem [^{15}N]Glycin-Signal weitere Signale auftreten, ansteigen und wieder abfallen. Durch NMR-Vergleichsmessungen an reinen ^{15}N-markierten Aminosäuren einerseits und durch analytisch-chemische Untersuchungen von in-vivo-Proben andererseits wurden die chemische Natur bestimmt und die Menge abgeschätzt. Die Befunde bestätigen frühere Arbeiten, in denen bei Ratten nach sehr hohen Glycingaben eine gesteigerte und anhaltende Aktivität der einen hohen Serinspiegel bewirkenden Enzyme festgestellt wurde [19–20].

Die analytisch-chemisch nachgewiesenen und der Glycinabnahme (Abb. 2) entsprechende Zunahme der Harnstoff- und Hippursäurekonzentration konnte NMR-spektroskopisch nicht erfaßt werden. Bemerkenswert erscheint, daß die durch ES-Messungen ermittelte [^{15}N]Harnstoffkonzentration in der isolierten Leber nach einem kontinuierlichen Anstieg bis auf ca. 15 µg/g Gewebe nicht weiter ansteigt. Damit blieb sie unter der NMR-Nachweisgrenze.

Ebenfalls vorerst nur aus ES-Messungen geht hervor, daß die isolierte Leber bei 37 °C Stickstoff aus den Proteinen in NPN überführt: Für die Leber vom Tier II-2 wurde die ^{15}N-Häufigkeit im Gesamtstickstoff, die erwartungsgemäß während der Lagerung konstant bleiben muß (0,90 Atom-% ^{15}N), mit der ^{15}N-Häufigkeit im NPN dieser Leber verglichen. Der ^{15}N-NPN-Anteil sinkt von zunächst 23,09 Atom-% ^{15}N (bis 112 min bei +4 °C gelagert) über 19,25 Atom-% ^{15}N (129 min bei +37 °C gelagert) bis auf 15,64 Atom-% ^{15}N (225 min bei +37 °C gelagert) ab.

Die hier vorgestellten Anwendungsbeispiele zeigen, daß sich die ^{15}N-NMR- und die ^{15}N-ES-Meßtechnik methodisch gut ergänzen. Bei Untersuchungen an Pflanze, Tier und Mensch kann die Kombination beider Methoden neue Möglichkeiten zur Erforschung des Stickstoffhaushaltes eröffnen. Über weiterführende Untersuchungen an der lebenden Ratte wird an anderer Stelle berichtet werden.

Eingegangen am 28. 12. 1984

Literatur

[1] *R. Schoenheimer, S. Ratner, D. Rittenberg,* J. Biol. Chem. **130** (1939) 703

[2] *P. J. Garlick. J. C. Waterlow,* Proc. IAEA-CMEA Techn. Comm. Meeting "Stable Isotopes in the Life Sciences" Febr. 1977 Leipzig. Wien: IAEA 1977, S. 323

[3] *H. Faust, H. Bornhak, K. Hirschberg, K. Jung, P. Junghans, P. Krumbiegel, R. Reinhardt,* Methodenkatalog: Klinisch-chemische und isotopenanalytische Methoden zur Untersuchung des Stickstoff-Stoffwechsels mit ^{15}N beim Menschen. ZfI-Mitt. **36** (1981)

[4] *H. Faust, H. Bornhak, K. Hirschberg, K. Jung, P. Junghans, P. Krumbiegel,* ^{15}N-Anwendung in der Biochemie, Landwirtschaft und Medizin, Isocommerz-Schriftenreihe Bd. 5. Berlin 1981

[5] *P. Krumbiegel, K. Hirschberg, H. Faust, K. Günther, G. Schneider,* Europ. J. Nucl. Med. **10** (1985) 129

[6] *H. Faust,* ^{15}N Reference Book: Medicine and Biosciences. ZfI-Mitt. **65** (1983)

[7] *H. Faust, K. Jung, P. Krumbiegel,* Isotopenpraxis **17** (1981) 193

[8] *G. J. Martin, M. L. Martin, J.-P. Gouesnard,* ^{15}N Nuclear Magnetic Resonance Spectroscopy, Berlin: Springer-Verlag 1981

[9] *J. Schaefert, Th. A. Skokut, E. O. Stejskal, R. A. McKay, J. E. Varner,* J. Biol. Chem. **256** (1981) 11574

[10] *A. Lapidot* et al., J. Amer. Chem. Soc. **98** (1976) 632; **101** (1979) 1788

[11] *M. Llinas, K. Wütherich, W. Schmotzer, W. von Philipsborn, Nature* (London) **257** (1975) 817

[12] *K. Kanamori, J. D. Roberts,* Accounts of Chem. Res. **16** (1983) 35

[13] *K. Buchali, W. Gründer, P. Krumbiegel, H.-J. Blesin, H. Faust,* Radiologia diagn. **26** (1985) im Druck

[14] *W. Gründer, P. Krumbiegel, K. Buchali,* Z. phys. Chemie, im Druck

[14a] *W. Gründer,* in Vorbereitung

[15] *G. Meier, K. Mauersberger,* Isotopenpraxis **18** (1982) 164

[16] *J. M. Steffen, G. L. Rigler, A. K. Moore, M. L. Riedesel,* Am. J. Physiol. **239** (1980) R168

[17] *P. Richards,* Clin. Nephrology **3** (1975) 168

[18] *G. Otto,* Biochemische und ultrastrukturelle Untersuchungen bei Leber-Konservierung, Dissertation Humboldt-Universität, Berlin 1981

[19] *R. L. Cybulski, R. R. Fisher,* Biochemistry **15** (1976) 3183

[20] *K. J. Petzke, V. Albrecht, H. Przybilsky,* J. Nutrition, im Druck

Isotopenpraxis **21** (1985) 9, S. 320

Buchbesprechung

Grundlagen der Kernphysik

A. I. Abramow. Moskau: Energoatomisdat 1983. 265 S., 96 Abb., 34 Tab. (in Russisch); geb. Rbl. 1,10; M 5,50

Die friedliche Nutzung der Atomenergie ist das Anliegen der gesamten Menschheit. Der Bau von Kernkraftwerken ist zu einer langfristigen Sicherung der Energiebasis unumgänglich. In der Sowjetunion sind eine Reihe von Pionierarbeiten geleistet worden. Immer mehr Menschen sind auf Gebieten tätig, die sich mittel- oder unmittelbar mit der friedlichen Nutzung der Kernenergie befassen.

Das vorliegende Buch ist geschrieben worden, um auch Technikern, Facharbeitern und Laboranten die Grundlagen der Kernphysik in verständlicher Form, aber streng wissenschaftlich, zu erläutern. Das ist weitgehend gelungen. Es ermöglicht auch, mit Hilfe beschriebener Gleichungen selbst Berechnungen durchzuführen, die für praktische Arbeiten von Bedeutung sind. Im ersten Teil des Buches gibt der Autor eine Einführung zum Aufbau des Atoms und des Atomkerns, er beschreibt den radioaktiven Zerfall und die Wechselwirkung ionisierender Strahlung mit Materie. Im zweiten Teil werden Kernreaktionen, insbesondere die Reaktion mit Neutronen und die Kernspaltung diskutiert. Im letzten Abschnitt erläutert der Autor Aufbau und Betriebsweise von Aktivitätsdetektoren, Teilchenbeschleunigern und Kernreaktoren. Der Text wird durch sehr viele instruktive und anschauliche Abbildungen und Tabellen aufgelockert. Leider enthält das Werk keine Literaturangaben, auch nicht von weiterführender und zusammenfassender Literatur; auch das Fehlen eines Stichwortverzeichnisses wird als Mangel empfunden. Die Ausstattung des Buches ist sehr gut.

Neben seiner eigentlichen Bestimmung als Lehrmaterial für Techniker und Laboranten kann das Buch Studenten an Fach- und Hochschulen und in der Industrie tätigen Fachspezialisten die Einführung in die Kernphysik erleichtern und diesen auch als ein kurzgefaßtes Nachschlagewerk dienen.

R. Otto

Isotopenpraxis 21 (1985) 9, S. 321 bis 324

Preparation of Some ^{35}S-labelled Organic Compounds by Isotopic Exchange

M. F. Barakat, M. El-Banna, A. N. Farag, L. Souka

(Nuclear Chemistry Department, Nuclear Research Center, Atomic Energy Authority, Atomic Energy Post Office, Cairo, Egypt)

Isotopic exchange has been applied for the preparation of ^{35}S-labelled methionine, cysteine, dithiooxamide, 2-aminothiazole and sulphanilic acid. On the basis of some preliminary investigations, the suitable conditions for performing the radioactive exchange experiments were identified. Good chemical yields and reasonable radiochemical yields were obtained. The results clearly show that the method is very satisfactory and less laborious as compared to the preparative chemical methods.

Das Verfahren des Isotopenaustausches zur Herstellung von ^{35}S-markiertem Methionin, Cystein, Dithiooxamid, 2-Aminothiazol und Sulfanilsäure wurde auf der Grundlage einiger Vorversuche angewandt und geeignete Bedingungen ausgearbeitet. Sowohl gute chemische als auch vertretbare radiochemische Ausbeuten wurden erhalten. Die Ergebnisse zeigten, daß diese Methode zufriedenstellend und weniger arbeitsaufwendig ist als vergleichsweise die präparativ-chemischen Methoden.

Keywords

cysteine; isotopic exchange; labelled compounds; labelling; methionine; sulfanilic acid; sulfur 35

1. Introduction

Isotopic exchange has been used since a long time for the preparation of ^{35}S-labelled compounds by two main techniques. In the first, the exchanging reactants, i. e. the sulphur containing compound and elementary sulphur-35, were refluxed in a suitable solvent for a given period of time at an elevated temperature [1–4]. The factors affecting the yields have been reported [2, 5–10]. However, the method was not successful, in certain cases, in part due to problems in choosing a suitable solvent [2]. The other technique involves heating of an intimate mixture of the organic sulphur compound and elementary sulphur-35 [10, 11] or ammonium sulphate-^{35}S [12] in sealed tubes for varying time periods. Although both techniques gave reasonable exchange yields, the dry method seems to be much more simple and less laborious.

In the present work, sealed tube exchange experiments have been carried out in a trial to prepare ^{35}S-labelled methionine, cysteine, dithiooxamide, 2-aminothiazole and sulphanilic acid. The appropriate experimental conditions in each case have been identified. Good yields of the labelled products with reasonable radiochemical yields were obtained. The method proved to be simple and reliable.

2. Experimental

2.1. *Materials*

Methionine, cysteine, dithiooxamide, 2-aminothiazole and sulphanilic acid were obtained from Cambarian Chemicals Co., England, and were used as received. Radioactive sodium sulphate-^{35}S was obtained from the Radiochemical Center, Amersham, UK.

2.2. *Preparation and heating of samples*

An amount of the sulphur organic compound was mixed with a certain amount of carrier sodium sulphate. Few drops of water just sufficient to cover the solid mass were added followed by a certain amount of $Na_2{}^{35}SO_4$. After thorough mixing, the water was removed by gentle evaporation and the solid residue was carefully introduced into hard glass ampoules, 6 cm long and 10 mm in diameter, provided with break seals. A stream of purified argon was introduced through a fine gas inlet tube to flush the contents of the ampoules for ten minutes before sealing them. The sealed ampoules were then heated in an air bath, the temperature of which was electronically controlled and kept within ± 2 °C, for certain time periods. At the end of the heating periods, the ampoules were cooled in liquid nitrogen, opened and their contents carefully collected for further treatment.

2.3. *Treatment of the exchange reaction products*

After being removed from the ampoules, the reaction product was then dissolved in the appropriate solvent (water or ethanol) and the total activity of the solution determined. Knowing the activity initially used, the activity liberated in the gaseous products could be determined by difference.

Thin layer chromatography has been applied for the separation, identification and determination of the labelled products in the solution of the reaction products. Radiometry of samples was carried out by liquid scintillation counting.

a) *Thin layer chromatography of the organic sulphur compounds*: Silica gel G (Type 60) for thin layer chromatography, obtained from Cambarian Chemicals Co., England, was used. The chromatoplates were prepared and activated according to the standard techniques [13]. Hamilton microliter syringes were used for application of samples. Different ascending solvent systems were used. Thus, butanol/acetic acid/water mixture (4:1:1 V/V) was used in the analysis of methionine, cysteine and 2-aminothiazole, benzene/methanol mixture (8:2 V/V) was used in dithiooxamide analysis and 25% ammonium hydroxide/96% ethanol mixture (20:1 V/V) was used in the analysis of sulphanilic acid. Iodine vapours were used for the detection of spots. The compounds were identified by the R_f values. These were 0·4, 0·3, 0·8, 0·66 and 0·6 for methionine, cysteine, dithiooxamide, 2-aminothiazole and sulphanilic acid respectively.

Quantitative evaluation of the ^{35}S-labelled compounds by thin layer chromatography has been carried out by the comparison-with-a-standard method [14]. From the quantitative analytical data obtained, the overall percent recovery of the organic sulphur labelled compound was determined. Consequently, the spots of the labelled products were quantitatively removed from the chromatoplates and extracted with a suitable solvent (hot water or alcohol). The extracts were concentrated by gentle evaporation to a certain volume from which an aliquote was taken for radioactivity measurement.

b) *Radioactivity measurements*: Liquid scintillation counting has been used for measuring the activity of the initially used radioactive samples, the activity of the exchange reaction products as well as the activity of final pure labelled. product. An ECKO type No. 530 F automatic scaler connected to a liquid scintillation head with a built in amplifier type No. 664 A was used. The amplifier setting was 250 and discrimination level 5 volts. The scintillation head was kept in a deep freezer, operated at −5 to −9 °C, to decrease the thermionic noise of the liquid scintillation head. The recorded count rate was found to be stable after 2 hours of cooling at the operating temperature in the thermostatic unit. The scintillation solution used was prepared by dissolving 6 g PPO and 0·1 g of POPOP in one liter of sulphur-free toluene. Samples to be counted were prepared by adding up to 0·3 ml of the radioactive aqueous or alcoholic radioactive solution to 10 ml of the scintillation solution contained in a counting glass vial. However, it has been found necessary to add about 5 ml ethanol, in order to effect the complete miscibility of up to 0·3 ml of the aqueous sample in each 10 ml of the toluene scintillation solution at the working temperature of the system, i.e. at −8 °C.

Due to the quenching effect of ethanol in liquid scintillation counting [15, 16] and in order to get comparable results, the composition of the scintillation solution was kept the same for all counted samples. Thus, a mixture consisting of 0·2 ml water, 5 ml ethanol and 10 ml scintillation solution was always used. This mixture affords the possibility of counting up to 0·2 ml aqueous samples or any amount of alcoholic samples (up to 5 ml).

The counting efficiency of the system was 40%. All activities recorded were corrected for dilution effects [17] whenever that was necessary.

The specific activities of the labelled compounds was determined by combining the quantitative TLC data and the liquid scintillation counting data of the isolated pure products.

2.4. *Separation and purification of the labelled products*

Microscale recrystallization techniques [18] have been generally applied for the separation and purification of the ^{35}S-labelled products from the exchange reaction products. Aqueous alcohol was used for the recrystallization of methionine, xylene for 2-aminothiazole and hot water for suphanilic acid.

3. Results and discussions

Some preliminary inactive experiments have been carried out in order to investigate the thermal stability of the different sulphur compounds under various experimental conditions. Tab. 1 shows the experimental conditions tested and the results obtained. From these results it could be observed that methionine is completely destroyed on heating the sample for 145 min at 260 °C. Reasonable yields were obtained on heating the samples at lower temperatures for varying periods of time. Consequently, the radioactive experiments were carried out in the temperature range 180−225 °C. Again, in case of cysteine, it has been observed that after heating the samples at 200 °C for 95 min a dark brown product was obtained which was almost soluble in water but contained no cysteine. Heating was then tried at 150 °C with careful observation of the sample until it acquired a dark yellow colour, after 100 min. Analysis showed that 95% of cysteine were recovered intact. The radioactive experiments were therefore carried out by heating the reaction mixture at 150 °C for 150 min. In a similar way, the sealed ampoules containing 2-aminothiazole were heated at 90 °C with careful observation of the samples until they became yellowish brown in colour, after 10 h.

Analysis of the product showed that 70% of the initial material was recovered. Consequently, heating of the radioactive samples was carried out at 90 °C for varying periods of time. In case of dithiooxamide, heating at 180 °C even for 15 min resulted in the complete destruction of the material. Consequently, no radioactive runs were carried out in case of dithiooxamide. Finally, heating sulphanilic acid samples at 290 °C for 170 min resulted in a 73% recovery of the original material. These heating conditions were used on running the radioactive experiments.

The results of the radioactive exchange experiments are given in Tab. 2. In case of methionine labelling it could be observed, that on heating the reaction mixture at 180−200 °C for 9−7 hours, about 35% of the initially used activity was found in the solid products in the reaction tube. The complementary part evolved in the gaseous products, of which H_2S was clearly identified. Good chemical yields were obtained. The radiochemical yields were

Tab. 1. Per cent recovery of the sulphur organic compounds determined after different thermal treatments of samples in sealed tubes. Each tube contained 100 mg of the sulphur organic compound and 1,4 g of Na_2SO_4 and was flushed with Ar before sealing.

Sulphur compound	M.P., °C	Heating		% Recovery
		Temperature, °C	Time, min	
Methionine	283 d	260	145	00·0
		200	390	100·0
		180	480	72·0
		150	420	60·0
Cysteine	248 d	200	95	0·00
		150	100	95·0
Dithio-oxamide	Sublimes	180	140	00·0
		180	15	00·0
2-Amino-thiazole	93	90	600	70·0
Sulphanilic acid	288 d	290	170	73·0

Tab. 2. Results of the radioactive isotopic exchange experiments
(In all experiments 1·4 mg carrier Na_2SO_4 was used, except in case of sulphanilic acid.)

Sulphur organic compound	Weight taken, mg	Heating		% Radioactivity in		% Recovery	% Radioactivity of solid products in the labelled comp.	Radiochemical yield, %	Sp. activity, cpm/mg × 10^{-5}
		Temperature, °C	Duration, min	Solid products	Gases				
Methionine (C – S – C)	149	225	145	29·5	70·5	20·9	23·2	6·8	0·32
							18·2 (x_1)	5·4	
							10·9 (x_2)	3·2	
							13·7 (x_3)	4·0	
	149	200	420	36·7	63·3	81·1	46·8	17·2	1·24
	149	180	560	35·5	64·3	51·2	54·1	19·2	1·74
Cysteine (HS – C –)	100	150	150	91·3	8·7	90·0	16·0	14·6	0·68
							9·0 (x_4)	8·2	
							13·8 (x_5)	12·6	
2-Amino-thiazole	100	90	300	55·6	44·4	86·0	63·7	35·4	2·35
	100	90	600	66·4	33·6	70·0	28·2	18·7	2·54
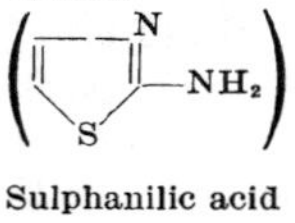	100	90	900	52·2	47·8	84·0	34·4	17·7	1·46
Sulphanilic acid ($H_2N – Ph – SO_3$)	250*)	290	170	38·5	61·5	80·4	60·3	23·2	0·18
	250**)	290	170	50·5	49·5	66·0	53·8	27·2	0·37

*) 1·93 mg $(NH_4)_2SO_4$ were used. **) 2·05 mg Na_2SO_4 were used.

19 – 17%. On heating the samples at higher temperatures, i.e. at 225 °C even for shorter time periods a slight increase in the radioactivity of the gaseous products was observed. Moreover, under these conditions a markedly lower chemical yield of the labelled methionine (~ 20%) was obtained together with some other unidentified decomposition products X_1, X_2 and X_3 in markedly lower radiochemical yields.

In case of cysteine, it could be observed from the data given in Tab. 2 that the greater fraction of the initially used activity was found in the solid reaction products while a very small fraction (8·7%) was found in the gaseous products of which H_2S was markedly detected. Cysteine-^{35}S was obtained in good chemical yield (90%). The radiochemical yield was 14·6%. In addition to cysteine-^{35}S two unidentified radioactive products X_4 and X_5 were obtained in relatively lower radiochemical yields, i.e. 8·2% and 12·6% respectively. X_5 was found at the spot application position on the chromatoplate while X_4 was found at R_f value 0·1.

It should be pointed out that the labelling of cysteine has been tried by heating it in sealed tubes together with elementary sulphur-35 for 4 – 12 hours at temperatures in the range 130 – 250 °C [2]. No labelling was detected. It is clear from the data obtained in the present work that the labelling of cysteine was successfully achieved by using sodium sulphate-^{35}S instead of elementary sulphur-35.

Reviewing the data obtained in case of 2-aminothiazole it could be observed that 33 – 44% of the initially used radioactivity was liberated in the gaseous products. The complementary part was found in the solid residue in the reaction tubes. High percent recovery values of 2-aminothiazole were obtained i.e. 70 – 86%. High radiochemical yields (35·4%) were obtained when the exchange experiments were carried out for shorter periods e.g. for 300 min. It should be pointed out that the results obtained in the present work compares well with the data reported for the chemical synthesis of 2-aminothiazole — chemical yield 40 – 60%, radiochemical yield 28% [2]. In addition the isotopic exchange method is relatively much less laborious.

In case of sulphanilic acid, it is possible to observe, from the data shown in Tab. 2, that ^{35}S-labelled sulphanilic acid was recovered in good yields (66·0 – 80·4%). The radiochemical yields obtained (27 – 23%) were significantly higher than the radiochemical yields previously reported (18%) for labelled sulphanilic acid prepared by a chemical synthetic method [19].

The studies carried out in the present work reveals that in certain cases the isotopic exchange technique is relatively simple, rapid and less laborious than the standard chemical synthesis methods [20]. Good yields of the ^{35}S-labelled organic compounds could be obtained with moderate radiochemical yields. However, it is important to note that the method is not an universal one and it is necessary to investigate its possibility on a case-by-case basis. Obviously, the thermal stability of the organic compound is an essential factor for the successful occurance of the exchange labelling reaction.

Received September 7, 1984

References

[1] *G. A. Anorova*, Metody polucheniya i izmereniya radioaktivnykh preparatof (Methods of preparation and radioactivity measurement of radioactive compounds). Moscow: Gosatomizdat 1960, p. 177

[2] *G. A. Anorova, V. P. Shishkov*, Metody polucheniya radioaktivnykh preparatov (Methods of preparation of radioactive compounds). Moscow: Gosatomizdat 1962, p. 12

[3] *E. N. Guryanova*, J. Phys. Chem. (USSR) **28** (1954) 67

[4] *M. N. Fok, L. E. Burkser*, Doklady Akad. Nauk SSSR **99** (1954) 1011

[5] *G. P. Miklukhin*, Proceedings of the USSR Academy of Sciences on peaceful uses of Atomic Energy, Chemical Sciences session, Izd-vo ANSSSR, Moscow 1955, p. 251

[6] *E. N. Guryanova, V. N. Vasileva, L. S. Kuzin*, ibid, p. 27

[7] *I. I. Kukhtenko, G. P. Miklukhin*, Doklady Akad. Nauk SSSR, **100** (1955) 921

[8] *V. N. Vasileva, E. N. Guryanova*, J. Phys. Chem. (USSR) **28** (1954) 1319

[9] *I. Tulk*, J. Chem. Soc. (1939) 1292

[10] *C. Chiotan, I. Zamfir*, J. Lab. Comp. **4** (1968) 356

[11] *C. Chiotan, I. Zamfir*, Academy of the Roumanian Socialist Republic, Institute of Atomic Physics Report No. R. P. 25 (1969)

[12] *C. Chiotan, M. Szabo*, Revue Roumaine de Chemie **13** (1968) 1371

[13] *E. Stahl* (ed.), Thin layer chromatography. New York — London: Academic press, 1965

[14] *K. Randerath*, Thin layer chromatography. 2nd revised edition. Verlag Chemie, Academic press 1968, p. 72

[15] *F. N. Hayes, B. S. Rogers, P. C. Sanders*, Nucleonics **13** (1955) 46

[16] *J. D. Davidson, P. Feigelson*, Int. J. Appl. Rad. Isotopes 2 (1957) 1

[17] *M. F. Barakat*, J. Radioanalytical Chem. **77** (1983) 227

[18] *N. D. Cheronis*, Techniques of organic chemistry, Vol. 6, Micro and semimicro methods. Interscience Publishers Inc., N.Y. 1954, Chapter 1

[19] *D. Pressman, H. N. Eisen, M. Siegel, P. J. Fitzgerald, B. Sherman, A. Silverstein*, J. Immunol. **65** (1950) 559

[20] *A. Murray, D. L. Williams*, Organic synthesis with isotopes, Part 2 Interscience Publishers Inc., N.Y. 1958

Isotopenpraxis **21** (1985) 9, S. 324 bis 327

Исследование метаболизма К и Са с помощью измерения их концентраций в волосах

Й. Бачо, И. Узони, П. Ковач

(Институт Ядерных Исследований ВАН, Дебрецен)[1]

В статье коротко описаны главные черты, результаты и выводы элементного анализа волосов. Были определены концентрации Са радиоизотопным рентгенофлюоресцентным методом в волосах людей принадлежащих к разным группам, и кроме того концентрации К и Са в бороде двух мужчин. На базе частотных распределений концентраций Са в волосах разных групп предпологается что уровень Са может служить для предупреждения болезней связанных атаксией метаболизма кальция. Влияние стрессоров было подтверждено высоким уровнем К в бороде во время повышенной духовной нагрузки и его низким уровнем во время спокойного образа жизни.

The paper briefly outlines the main features of the hair analyses, their results and conclusions. Isotope excited XRF analysis was used for the determination of Ca content of scalp hairs of individuals belonging to different groups, as well as of Ca and K content of two patients' beard. Relying on the frequency distribution of Ca concentrations obtained in different groups it is supposed that the hair Ca level can be used for the prediction of diseases connected with Ca metabolism disorder. The influence of stressors seems to be verified by the high K level during strong mental burden and low K level in quiet circumstances of life.

Keywords

calcium; chemical analysis; fluorescence analysis; hair; metabolic diseases; metabolism; nondestructive analysis; potassium; X-ray

Введение

Волосы являются конечными продуктами процессов метаболизма организма. Предпологается что их участие в метаболизме пассивное. Их состав эндогенного происхождения зависит от количества макро- (H, O, C, N, S), микро- (Zn, Fe, Cu, Br, Sr, Hg, As, Pb и.т. д.) и от других элементов находящихся в волосах в среднем количества (Na, Mg, Cl, K, Ca). Эти элементы входят в волосы через луковицу и через внутреннее и внешнее влагалище волоса [1].

Количество этих элементов может изменятсья вследствии их адсорбирования и абсорбирования из окружений, (из дыма, из пыли, из воды) или их вымывания водой [1—4, 12].

Концентрация минеральных элементов в волосе характеризует:

1) Запас минеральных элементов организма в течении образования волоса/недостаток [5, 8] или избыток [6—8].
2) Эффективность метаболизма организма [8, 9].
3) Загрязняющее действие окружаеной среды [7, 8, 10, 11, 13].

Несмотря на то, что были опубликованы статьи о сомнением относительно применимости результатов анализа волосов для целей диагностики и охраны природы, всетаки учет концентраций элементов в волосе может служить новым методом исследований и диагноза применяя их с нужным вниманием. Цель настоящей работы коротко описать главные черты метода нашего анализа, резюмировать некоторых результатов элементного анализа волос и обратить внимание на применимость анализа волос для исследований равновесия соль-воды, быстро меняющегося в организме человека, пробывающегося в состянии невесомости.

Методика эксперимента

Наиболее распространенными методами измерения состава волос являются атомно-абсорбционный метод, нейтроноактивационный метод, рентгенофлюоресцентный метод и метод PIXE. Атомно-абсорбционный метод требует сложной обработки проб, чувствительность метода хорошая, но одновременно только один элемент может быть определен.

Другие упомянутые методы требуют более простую обработку образцов, дают возможность одновременного определения многих элементов, и их чувствительность не хуже атомноабсорбционного метода.

В наших исследованиях применялся выработанный в ИЯИ рентгеновский Si (Li) спектрометр. Энергетическое разрешение спектрометра 170 эВ на линии MnK_α. Сигналы характеристического излучения собирались 4000 канальным анализатором типа ICA-70,

[1]) Address: H-4001, Debrecen, PF 51, Hungary

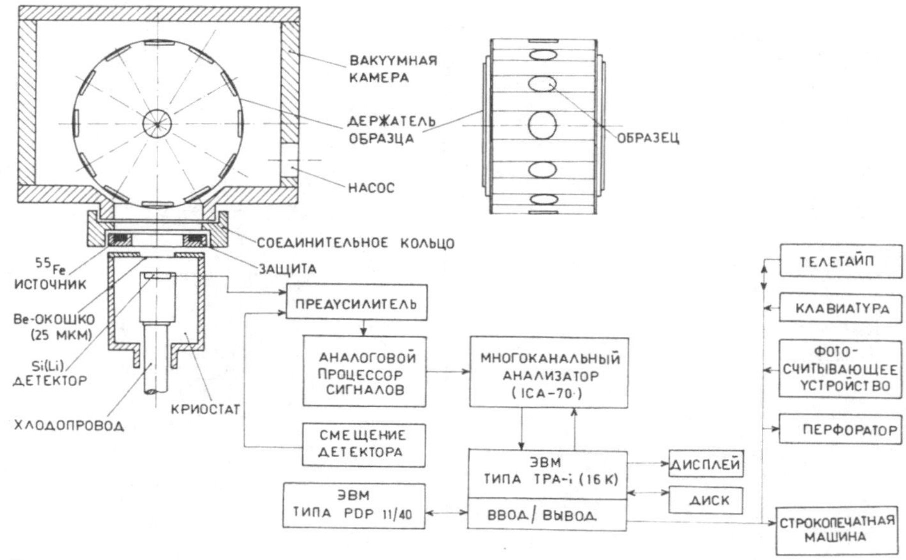

Рис 1. Схема измерения

обработка спектров произошла с помощью ЗВМ типа TPA-i. Возбуждающими источниками служили изотопы ^{125}I (для возбуждения Mn, Fe, Cu, Zn, Sr, Pb и т. д.) и ^{55}Fe (для возбуждения P, S, Cl, K, Ca, Ti). Схема измерения дана на рис. 1.

Сбор и обработка образцов

При сборе волосов мы следили за получением самых свежих информаций об организме. Поэтому волосы были выстриженны у самой кожи задней части головы. Длительность пряди использованной для измерения, была 15—20 мм, и польный вес образца 100 до 150 мг. От членов группы AMI (острий инфаркт миокарда) волосы были сняты во время их принятия в больницу. Сбор образцов от большей части контрольной группы был совершен подобным образом, но от меньшей части группы волосы были собраны путем стрижки. В этих случаях сделалась коррекция на экзогенную часть Ca. От людей участвующих в медосмотре волосы и кровь были сняты одновременно во время медицинского осмотра. В этом случае была отрежена часть волосов дальше от головной кожи. От группы PMI (после инфаркта миокарда) волосы были выстриженны вобщем у головной кожи, через 1/2—2 года после инфаркта.

В зависимости от целей исследований образцы были естественные пряди длиною 15—20 мм или борода сбритая электробритвой. В последнем случае материал был спрессован в таблетки (диаметр: 8 мм,вес: 8—50 мг зависимо от количества материала).

Вначале исследований стандартом служил искусственный образец, а позже волос-стандарт обозначением HH-1 (стандартизация организована IAEA). Определения K тоже произошли с помощью стандарта HH-1.

Для определения среднего значения экзогенного Ca дальней части волосов постриженных во время привычной стрижки были отдельно измерены концентрации. Ca мужских и женских волосов. Концентрации Ca 176 мужских и 48 женских немытых и мытых волос были определены. Мойка была следующая: 1 мин, в 2%-ой уксусной кислоте и 3 × 2 мин. полоскание в дистиллированной воде [4].

Результаты показаны в табл. 1.

Табл. 1.

	мужщины	женцины
перед мойкой	635 ± 477 мг/кг	2710 ± 1320 мк/кг
после мойки	504 ± 429 мг/кг	2140 ± 1100 мг/кг
отношение	1,26	1,27

Тщательное изучение отдельных результатов немытых и мытых волос показывает, что для них результаты в общем не отличаются, но концентрация Ca для некоторых мытых волос получилась на 30 до 50% (в некотором случае и на 100%) меньше чем концентрация Ca в немытых волосах. Это явление соответствует результатам измерений длинных волос. В тех экспериментах мойка не уменьшила концентрацию Ca в близкой к голове части волоса, но в меняющейся мере понизила концентрацию в дальнейшей части волоса [4].

Результаты

A) *Волосы:* На рис. 2 видны частотные распределения концентраций Ca в волосах разных групп: группа AMI (острый инфаркт миокарда), контрольная группа, группа медосмотра и группа PMI (после инфаркта миокарда) в зависимости от логарифма концентрации Ca. Главные характеристики:

— группы AMI и PMI показывают унимодальные логарифмически нормальные распределения средним значением Ca ($320 \pm ^{150}_{80}$) мг/кг
— Контрольная группа показывает также унимодальное логарифмически нормальное распределение средним значением ($1500 \pm ^{1000}_{700}$ мк/кг.)
— Группа медосмотра характеризуется бимодальным логарифмически нормальным распределением предыдущими средними значениями. Процентное отношение разделения между группами низкой и высокой концентрации: 65÷35%,

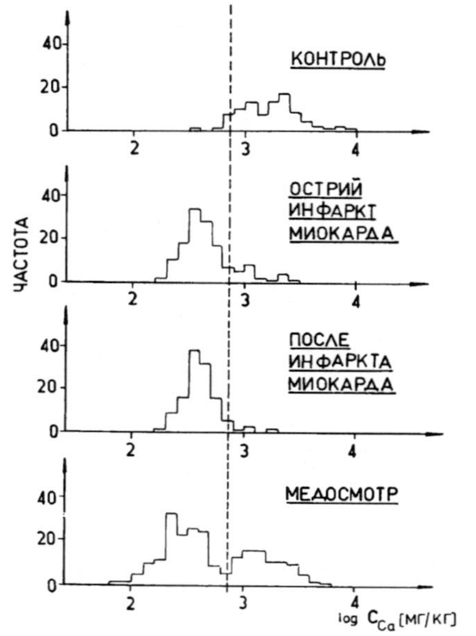

Рис 2. Частотные распределения концентраций Са в волосах разных групп

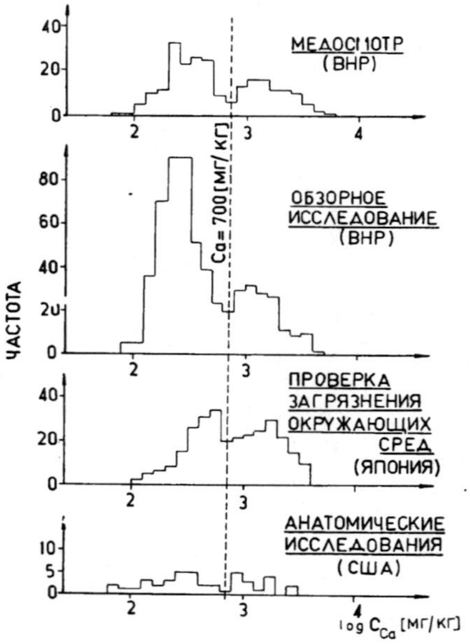

Рис. 3. Частотные распределения концентраций Са в волосах полученные над популяциями разных стран

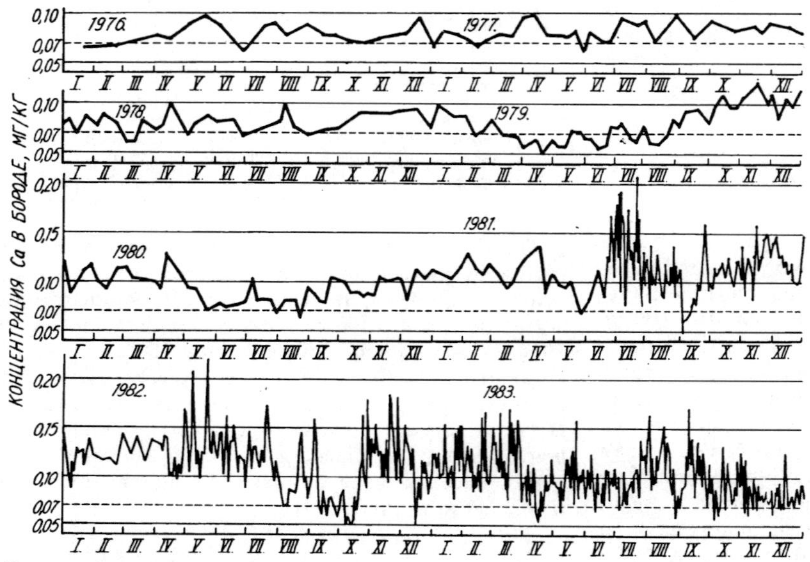

Рис. 4. Концентрация Са в ежедневно сбритой бороде единственного лица в зависимости от времени

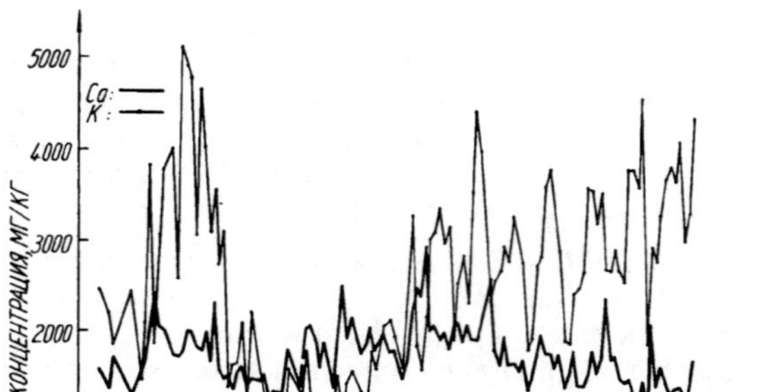

Рис. 5. Концентрации К и Са в бороде лица подозрительного на инфаркт

эти группы существенно различаются на уровне $p < 0{,}001$ [9]. Исследования выполненные нами над другой венгерской группой и также другими авторами над популяциями разных стран (японская группа [10], американская группа) подкрепляют бимодальное свойство частотного распределения Са [14] рис. 3. В случае венгерских групп мы пользовались уксусной мойкой пока данные других авторов для японской и американской групп были нормированы значение 1, 27. Результаты полученные на многочисленную японскую труппу подтверждают общее действие не только бимодального свойства распределения Са, но и среднего значения экзогенного Са полученного у венгерских групп (в тех странах где мытье волос происходит вообже шампунью).

Б) *Борода:* Рис. 4 показывает концентрацию Са в ежедневно сбритойбороде единственного лица в зависимости от времени. На рисунке отмечено пунктиром и значение Са, разделяющее две группы бимодального распеделения (700 мг/кг).

Рис. 5 демонстрирует значения концентраций К и Са измеренных в бороде лица подозрительного на инфаркт. Стрелы символизируют периоды повышенной духовной нагрузки и появлений неожиданных, трудно разрешимых проблем.

Выводы

Распределения на рис. 2 и 3 демонстрируют что во время инфаркта и после инфаркта уровень Са в волосах одинаковый: 320^{+150}_{-80} мг/кг. Но таким же параметром характеризуется и одна часть группы людей не страдающих от инфаркта. Так как эта часть и вышеупомянутые группы сочиняют гомогенную группу по уровню Са в волосах, предпологается что скорость и эффективность физиологических процессов определяющих уровень Са их волос являются равнозначными. На базе этого предположения уровень Са в волосах может служить для предупреждения инфаркта миокарда, возможно и других болезней связанных атаксией метаболизма кальция. Предпологается что вероятность заболеваний сердца и сосудистой системы в группе имеющей высокий уровень кальция меньше чем в группе имеющей низкий уровень кальция — так как в группах AMI и PMI очень малой вероятностью встречаются высокие значения Са.

Измерения выполненные на ежедневно сбритой бороде показывают что количество Са изменяется с одного дня на другой.

Диапазон концентраций Са в бороде одного лица и в волосах (средние величины кальция многих лиц) одинаков. Изменение концентраций Са в бороде показывает и кратковременное и долговременное колебание. Первое может быть связано с изменением питания, а последнее с повышенной нагрузкой нервной системы (стресс) но нельзя исключить и связи с регулирующим механизмом организма.

Влияние стрессоров было подтверждено высоким уровнем К в бороде во время повышенной духовной нагрузки и низким уровнем во время спокойного образа жизни. Изменения К и Са проявляют противоположную тенденцию. Эти изменения могут быть связаны пока нами неизвестными физиологическими процессами. Такой процесс может быть например повышение секреции калия (в стрессовом состоянии наблюдается повышенное потение). Снижение концентрации Са в бороде в случае повышения калия значит, что количество Са входящее в волосы из пота незначительное по сравнению с количеством всего эндогенного кальция. Эндогенный Са входит в волосы с большой вероятностью через луковицу волоса. Полное понимание этого явления и выяснение физиологического и биохимического механизма процесса требуют дальнейших исследований.

Инфаркт миокарда у лица подозрительного на инфаркт (увезенного в больницу) был исключен клиническими исследованиями. Большие значения концентрации Са в его бороде определенные нами соответствуют установлениям клинических исследований.

Связь уровня Са в волосах с заболеванием сердца и сосудистой системы и возможно с изменением состава кости, и далее связь уровня К со стрессом, внушают надежды что этот метод может стать успешно применимым для изучения метаболизма К и Са, заболеваний и физиологических процессов связанных с ненормальным метаболизмом кальция, например для изучения минерального метаболизма и равновесия соль-воды организма космонавтов проживающих в состоянии невесомости.

Поступила в редакцию 21/XI, 1984 г.

Литература

[1] *A. J. J. Bos*, Amsterdam Proton Microbeam (The application of micro-PIXE in measuring trace element in human hair) Thesis, Vrije Universiteit Amsterdam, 1984

[2] *A. J. van den Berg* et al., Proc. IAEA Symp. Nucl. Activation Techniques in the life Sciences, Amsterdam May 1967, p. 661

[3] *L. C. Bate*, J. Forensic Sci. **10** (1965) 60

[4] *J. Bacsó, L. Sarkadi, E. Koltay*, Int. J. Appl. Radiat. Isot. **33** (1982) 5

[5] *H. G. Petering, D. W. Yeager, S. O. Witherup*, Arch. Environ. Health **23** (1971) 202

[6] *H. Al-Shatiristani, K. M. Sihab*, Arch. Environ. Health **28** (1974) 342

[7] *D. I. Hammer, J. F. Finkles, R. H. Hendricks, C. M. Shy*, Am. J. Epidemiol **93** (1971) 84

[8] *R. A. Passwater, E. M. Cranton*, Trace Elements, Hair Analysis and Nutrition. Keats Publishing Inc. New Canaan 1983

[9] *J. Bacsó* et al., Magyar Belorvosi Archivum **35** (1982) 245

[10] *S. Ohmori* et al., J. Radioanal. Chem. **63** (1981) 269

[11] *V. Valkovic, D. Rendic*, Env. Sci. and Tech. **9** (1975) 1150

[12] *E. Steines*, Int. J. Appl. Radiat. Isot. **26** (1975) 595

[13] *R. E. Jervis, B. Tiefenbach, A. Chatopadhyay*, J. Radioanal Chem. **37** (1977) 751

[14] *J. Bacsó, S. A. Katz, I. Uzonyi*, The Use of Hair as a Biopsy Tissue for Calcium. 2nd Internat. Symp. on the Biology and Toxicology of Metals Using Nuclear Analytical Methods. Brookhaven National Laboratory, Upton, Long Island, New York, May 20 – 22, 1985

Isotopenpraxis **21** (1985) 9, S. 328 bis 332

Связь между сорбцией ^{85}Sr в почвах и свойствами почв

Т. Сабова, А. Митро

(Институт радиоэкологии и использования ядерной техники, Кошице)[1])

Статистическая обработка результатов измерений 10 почвенных характеристик для почв из окрестностей АЭС Моховце и АЭС Дукованй с использованием коэффициентов корреляции показала, что наиболее сильное влияние на сорбцию ^{85}Sr оказывают содержание фракций 0,01 и 0,001 мм, содержание гумуса, pH/KCl. Получены уравнения множественной регрессии, позволяющие ориентировочно оценить процент сорбции ^{85}Sr при известных свойствах почв.

The statistical evaluation of measurements of 10 soil characteristics from the surroundings of nuclear power plants Mochove and Dukovany, using correlation coefficients, showed, that the ^{85}Sr sorption is mostly influenced by content of 0·01 and 0·001 mm fractions, humus content and pH/KCl. The obtained equations of the multiparametric regression function enables a rough determination of the percentual sorption of ^{85}Sr in soils with known characteristics.

Keywords

adsorption; environment; humus; pH value; radionuclide migration; reactor sites; soils; strontium 85

Среди факторов, от которых зависит поступление радиостронция в растения, самыми важными являются свойства почвы. Говоря о свойствах почвы, обычно имеют ввиду главным образом агрохимические свойства. Известно, что поглощение радиостронция растениями в значительной мере зависит от содержания в почве обменного кальция [1—3], содержания органического вещества, емкости поглощения почвы [2], pH почвы, состава обменных катионов. Физические свойства почвы [3—5] могут сказываться на доступности радиостронция для растений.

Недостаточно изучено влияние на поступление радиостронция в растения физико-химических характеристик взаимодействия радионуклида с почвой, величин, показывающих его способность мигрировать в почве и адсорбироваться на почвенных частицах. Эти величины, зависящие от многих свойств почвы, являются своеобразными обобщенными характеристиками свойств почвы по отношению к радиостронцию, и потому представляет интерес нахождения связи между ними и поглощением элемента растением.

Цель настоящей работы заключалась в изучении связи между сорбцией ^{85}Sr и свойствами почв в окрестностях строительства АЭС.

Материал и методика

В отобранных образцах почв были определены агрохимические характеристики. Для изучения сорбции были использованы образцы почв с массой 5 г, просеянные через сито с размерами отверстий 2 мм и суспендированные в 5 мл раствора $^{85}SrCl_2$ (0,058 МБк). Сорбция изучалась в статических условиях. В течение 6 суток, ежесуточно измерялась активность 5 мл элюата. После измерений проба возвращалась к образцу. Измерения проводились на спектрометрической установке NZG 201. Процент сорбции был рассчитан из разницы исходной активности и активности элюата.

После определения сорбции ^{85}Sr изучалась связь между сорбцией и агрохимическими и физическими свойствами почвы. Вычисления проводились на ЭВМ АДТ 4300.

Результаты

Агрохимичехкие свойства почв приведены в табл. 1 и 2. Полученные значения сорбции ^{85}Sr и результаты измерений 10 характеристик (pH/KCl, % гумуса, общая емкость поглощения, сумма обменных катионов, общая кислотность, обменный кальций, содержание фракций 0,01 мм, содержание фракций 0,001 мм, содержание фракций в диапазоне ⟨0,001, 0,01⟩ мм, содержание фракций в диапазоне ⟨0,01, 0,05⟩ мм) были обработаны с помощью корреляционного и регрессионного анализа.

С помощью ЭВМ найдены парные коэффициенты корреляции между зависимой переменной (сорбция ^{85}Sr) и независимыми переменными (почвенные характеристики), а также между отдельными парами независимых переменных. Для оценки влияния данной независимой переменной на изменчивость зависимой переменной были рассчитаны частные коэффициенты корреляции первого и более высоких порядков.

Следующая программа была создана для расчетов коэффицинетов уравнений множественной регрессии, связывающих зависимую переменную с переменными независимыми. По этой же программе были рассчитаны относительные отклонения рассчитанных данных от фактических и так называемый „коэффициент прогноза“ (парный коэффициент корреляции между рассчитанными величинами и фактическими).

[1]) Адрес: ЧССР, 040 61 Кошице, Коменского 9

Табл. 1. Агрохимические характеристики изученных почв из окрестностей АЭС Моховце

Почва	pH/KCl	Гумус, %	V %	T	S	H	Ca^{2+}	Содержание фракций, %				Сорбция ^{85}Sr %
				мвал/100 г				0,01 мм	0,001 мм	0,001 −0,01 мм	0,01 −0,05 мм	
Бурая псеудоподзолистая	4,71	1,89	74,8	13,03	9,75	3,28	5,33	34,7	15,3	19,4	51,7	95,7
Бурая псеудоподзолистая	5,28	1,66	86,46	18,84	16,29	2,55	10,74	42,5	23,8	18,7	44,6	95,6
Бурая псеудоподзолистая	4,90	1,53	96,14	22,01	18,96	3,05	9,06	39,5	20,4	19,1	37,5	95,1
Бурая псеудоподзолистая	6,50	1,83	94,87	21,45	20,35	1,10	12,19	41,8	22,5	19,3	42,6	94,1
Бурая псеудоподзолистая	4,95	1,86	82,36	19,05	15,69	3,36	9,87	41,1	24,1	17,0	45,7	95,6
Бурая псеудоподзолистая	5,34	1,91	82,76	14,79	12,24	2,55	7,43	39,8	22,4	17,4	41,2	93,8
Бурая псеудоподзолистая	5,15	1,64	84,12	17,32	14,57	2,75	9,55	39,7	21,8	17,9	37,8	92,3
Бурая псеудоподзолистая	7,26	2,08	98,92	30,10	29,80	0,65	15,15	42,5	20,7	21,8	33,3	93,5
Бурая псеудоподзолистая	6,40	1,35	93,88	22,88	21,48	1,40	11,48	41,2	23,2	18,0	43,5	95,2
Бурая псеудоподзол. иллимеризованная	5,87	2,48	92,30	27,24	25,14	2,10	11,81	41,1	22,0	19,1	36,0	90,1
Бурая псеудоподзол. иллимеризованная	6,30	2,13	95,95	28,41	27,26	1,15	12,15	42,7	23,1	19,6	42,2	94,2
Бурая псеудоподзол. иллимеризованная	5,35	2,31	88,32	22,26	19,66	2,60	8,81	37,8	18,3	19,5	46,2	
Чернозем оподзоленный	5,20	1,61	86,97	19,19	16,69	2,50	11,13	41,2	23,5	17,7	42,2	94,1
Чернозем оподзоленный	6,54	2,41	94,23	25,98	24,48	1,50	13,39	43,3	24,6	18,7	41,4	95,0
Чернозем оподзоленный	5,97	2,68	92,45	28,83	26,68	2,15	13,48	46,6	27,9	18,7	32,9	95,2
Аллювиальная	5,55	2,47	90,77	27,08	24,58	2,50	14,06	46,5	26,3	20,2	40,5	94,9
Аллювиальная	4,93	2,44	81,63	24,08	20,38	3,70	12,16	45,1	26,4	18,7	43,4	96,7

Примечание. В табл. 1 и 2 T-общая емкость поглощения; S-содержание обменных катионов; H-общая кислотность.

Табл. 2: Агрохимичехкие характеристики изученных почв из окрестностей АЭС Дукованы

Почва	pH/KCl	Гумус, %	V %	T	S	H	Ca^{2+}	Содержание фракций, %				Сорбция ^{85}Sr %
				мвал/100 г				0,01 мм	0,001 мм	0,001 −0,01 мм	0,01 −0,05 мм	
Бурая лесная	4,22	1,61	81,98	15,82	12,97	2,85	2,69	11,7	5,3	6,4	11,8	76,9
Бурая лесная	5,17	1,27	83,94	15,76	13,23	2,53	8,67	35,4	18,9	16,5	27,1	95,7
Бурая лесная	4,37	1,66	74,02	14,09	10,43	3,66	7,01	25,7	15,9	9,8	23,9	96,4
Чернозем	5,52	1,60	87,37	16,07	14,04	2,03	8,30	30,5	15,9	14,6	25,6	92,4
Бурая псеудоподзолистая	7,25	2,06	85,46	18,03	15,41	2,62	18,00	43,3	25,6	17,7	34,4	93,4
Бурая псеудоподзолистая на лессе	4,76	1,97	74,21	16,21	12,03	4,18	6,59	28,0	13,8	14,2	20,3	93,9
Бурая лесная	4,80	1,92	80,29	15,73	12,63	3,10	8,36	36,0	23,0	13,0	35,0	91,6
Бурая лесная	4,89	2,37	73,88	24,43	18,05	3,38	9,14	35,9	20,7	25,2	27,7	96,9
Бурая лесная	5,18	2,08	84,48	20,17	17,04	3,13	10,94	40,9	22,3	18,6	41,0	91,9
Чернозем	5,97	2,68	93,32	29,95	27,95	2,00	13,14	43,8	25,2	18,6	36,4	97,0
Бурая псеудоподзолистая	6,15	4,14	94,88	39,09	37,09	2,00	7,02	40,7	21,0	19,7	24,0	97,0
Бурая псеудоподзолистая	4,70	1,76	82,21	19,39	15,94	3,45	5,68	41,3	25,1	16,2	37,6	97,2
Луговая	5,70	8,39	90,9	34,81	31,36	3,45	4,90	27,7	13,5	14,2	16,2	

Статистический анализ результатов измерений для почв из окрестностей АЭС Моховце

С помощью ЭВМ были обработаны результаты измерений 10 характеристик 17 образцов почв. Анализ полученных парных коэффициентов корреляции между процентом сорбции ^{85}Sr и почвенными характеристиками показал, что наибольших значений они достигают для следующих характеристик:

— содержание фракций 0,01 мм
— содержание фракций 0,001 мм
— % содержания гумуса

Далее была оценена статистическая значимость отдельных коэффициентов корреляции с помощью t-теста Стюдента. По результатам теста следует приведенные коэффициенты корреляции считать статистически значимыми при уровне значимости 75%.

Пары почвенных характеристик, для которых коэффициенты корреляции оказались значимыми при уровне 99%, приведены в табл. 3.

Обработка данных была продолжена методом последовательной регрессии. Были рассчитаны частные коэффициенты первого и высших порядков. После их

Табл. 3. Значения парных коэффициентов корреляции, значимых при уровне 99 %, для почв из окрестностей АЭС Моховце

	y	X_1	X_2	X_3	X_4	X_5	X_6	X_7	X_8	X_9	X_{10}
У-сорбция ^{85}Sr, %	1		−0,361*)					+0,336*)			
X_1-pH$_4$KCl		1		+0,708	+0,810	−0,751			+0,336*)		
X_2-содержание гумуса, %	−0,361*)		1			+0,676					
X_3-общая емкость поглощения, мвал/100 г		+0,708		1	+0,983		+0,901	+0,747		+0,627	−0,687
X_4-содержание обменных катионов, мвал/100 г		+0,810		+0,983	1	−0,706	+0,911	+0,756		+0,668	−0,706
X_5-общая кислотность, мвал/100 г		−0,909	+0,676		−0,706	1	−0,619				
X_6-обменный кальций, мвал/100 г		+0,751		+0,901	+0,911	−0,619	1	+0,850	+0,694		−0,639
X_7-содержание фракций 0,01 мм, %	+0,328			+0,747	+0,756		+0,850	1	+0,932		
X_8-содержание фракций 0,001 мм, %	+0,336						+0,694	+0,932	1		
X_9-содержание фракций 0,001 – 0,01 мм, %		+0,604		+0,668		−0,739				1	
X_{10}-содержание фракций 0,01 – 0,05 мм, %			−0,687	−0,706							1

*) уровень значимости этих коэффициентов равен 75 %

Табл. 4: Значения парных коэффициентов корреляции, значимх при уровне 99 %, для почв из окрестностей АЭС Дукованы

	y	X_1	X_2	X_3	X_4	X_5	X_6	X_7	X_8	X_9	X_{10}
y-сорбция ^{85}Sr, %	1		+0,320*)					+0,732	+0,713		
X_1-pH/KCl		1					+0,825	+0,657			
X_2-содержание гумуса, %	+0,320*)		1	+0,948	+0,933						
X_3-общая емкость поглощения, мвал/100 г			+0,948	1	+0,987						
X_4-содержание обменных катионов, мвал/100 г			+0,933	+0,987	1 1						
X_5-общая кислотность, мвал/100 г						1					
X_6-обменный кальций, мвал/100 г		+0,825					1	+0,687	+0,683		
X_7-содержание фракций 0,01 мм, %	+0,732	+0,657					+0,687	1	+0,697	+0,764	+0,853
X_8-содержание фракций 0,001 мм, %	+0,713						+0,683	+0,967	1	+0,674	+0,903
X_9-содержание фракций 0,001 – 0,01 мм, %								+0,764	+0,674	1	
X_{10}-содержание фракций 0,01 – 0,05 мм, %									+0,853	+0,903	1

*) – уровень значимости этих коэффициентов равен 75 %

тестирования статистически значимой оказалась связь между сорбцией ^{85}Sr и pH/KCl и содержанием фракций в диапазоне ⟨0,01—0,05⟩ мм.

Следовательно, статистически значимой (при уровне 75%) можно считать связь между сорбцией ^{85}Sr и содержанием фракций 0,01 мм, содержанием фракций 0,001 мм, процентом содержания гумуса, pH/KCl, содержанием фракций в диапазоне ⟨0,01—0,05⟩ мм.

Функциональная связь между сорбцией ^{85}Sr и данными почвенными характеристиками была определена с помощью ЭВМ. Получены коэффициенты уравнения множественной регрессии, величины относительных отклонений рассчитанных данных и фактических, а также коэффициент прогноза.

Полученную зависимость можно представить в виде (значения использованных символов и индексов приводятся в табл 3 и 4):

$$y = 1{,}156\,X_1 - 0{,}416\,X_2 - 0{,}056\,X_3 - 0{,}057\,X_4 + 0{,}313\,X_5 - 0{,}088\,X_6 + 0{,}121\,X_7 + 0{,}168\,X_8 - 0{,}207\,X_9 + 0{,}128\,X_{10} + 81{,}06 \quad (1)$$

Относительное отклонение рассчитанных величин от фактических колеблется в интервале ⟨—2,24% до 2,98%⟩ и приводится в табл. 5.

Коэффициент прогноза имеет значение 0,561 и является статистически значимым при уровне 97,5%.

Статистический анализ результатов измерений для почв из окрестностей АЭС Дукованы

Анализу подверглись результаты измерений характеристик для 12 образцов почв. Получены следующие результаты: наизболее сильное влияние на именчивост ьсорбции ^{85}Sr оказывают следующие характеристики:

— содержание фракций 0,01 мм
— содержание фракций 0,001 мм
— содержание фракций в диапазоне 0,001—0,01 мм
— содержание фракций в диапазоне 0,01—0,05 мм
— pH/KCl
— % гумуса

Пары характеристик, для которых коэффициенты корреляции оказался значимым при уровне 99%, приведны в табл. 4.

Получены коэффициенты уравнения множественной регрессии, определены относительные отклонения фактических величин от рассчитанных, а также „коэффициент прогноза" для почв из окрестностей АЭС Дукованы.

Полученную зависимость можно представить в виде:

$$У = 3{,}42\,X_1 + 0{,}382\,X_2 + 0{,}054\,X_3 + 0{,}0018\,X_4 + 2{,}92\,X_5 - 0{,}498\,X_6 - 0{,}0013\,X_7 - 0{,}6 \cdot 10^{-6}\,X_8 + 0{,}19\,X_9 + 0{,}3\,X_{10} + 57{,}4 \quad (2)$$

Относительное отклонение рассчитанных величин от фактических колеблется в интервале ⟨—6,01% до 11,98%⟩ и приводится в табл. 5.

Коэффициент прогноза имеет значение 0,680 и является значимым при уровне 97,5%.

Райхенбах [6] определил, что сорбция радиостронция нарастает с увеличением pH и емкости поглощения и понижается с увеличением содержания ила и углерода.

Табл. 5: Фактические и рассчитанные по выражениям [1] и [2] величины сорбции ^{85}Sr и относительное отклонение между ними для почв из окрестностей АЭС

Моховце

	у фактические	у рассчитан.	% отклонения
1	95,7	94,4	−1,39
1	95,6	95,3	−0,29
3	95,1	93,0	−2,23
4	94,1	95,0	0,96
5	95,6	95,58	−0,02
6	93,8	95,3	1,60
7	92,3	94,1	1,99
8	93,5	92,4	−1,15
9	95,2	95,5	0,35
10	90,1	92,7	2,97
11	94,2	94,00	−0,22
12	94,1	94,8	0,79
13	95,0	94,85	−0,15
14	95,2	93,85	−1,42
15	94,9	94,1	−0,83
16	96,7	94,9	−1,87
17	92,0	93,1	−1,24

Дукованы

	у фактические	у рассчитан.	% отклонения
1	76,9	85,2	10,78
2	95,7	91,02	−4,89
3	96,4	90,2	−6,43
4	92,4	90,3	−2,31
5	93,4	96,6	3,47
6	93,9	93,25	−0,69
7	91,6	93,5	2,14
8	96,9	95,1	−1,88
9	91,9	97,7	6,36
10	97,0	94,5	−2,51
11	97,0	95,7	−1,33
12	97,2	97,15	−0,06

Прохоров и сотр. [7] заметили, что существенное влияние на сорбцию радиостронция оказывают pH, Ca + Mg, емкость поглощения и влажность почвы.

По данным наших экспериментов существенное влияние на сорбцию радиостронция оказывали прежде всего механический состав почвы — содержание фракций 0,01—0,001 мм, pH/KCl и содержание гумуса в почвах.

Выводы

1) Проведен корреляционный и регрессионный анализ десяти почвенных харастеристик и сорбция ^{85}Sr, который позволяет разделить характеристики на значимые и незначимые, с точки зрения влияния на сорбцию.

2) Данные корреляционного анализа для обеих местонахождений АЭС показывают, что на сорбцию ^{85}Sr влияют следующие свойства почв: содержание фракций 0,01 и 0,001 мм, % гумуса, pH/KCl, содержание фракций в интервале ⟨0,01—0,05⟩мм.

3) Коэффициенты прогноза показывают, что с помощью выражений [1] и [2] можно предсказать меру сорбции ^{85}Sr в почвах, зная агрохимические и физические характеристики почвы, не очень сильно отличающиеся от характеристик почв, для которых получены выражения [1] и [2].

Поступила в редакцию 21/XI, 1984 г.

Литература

[1] *Р. М. Алексахин*, Радиоактивное загрязнение почвы и растений, Москва 1963

[2] *Е. В. Юдинцева, Ю. В. Гулякин*, Агрохимия радиоактивных изотопов стронция и цезия, Москва 1968

[3] *R. Menzel*, Soil Science 77 (1954) 419

[4] *В. М. Клечковский*, О поведении радиоактивных продуктов деления в почвах, их поступлении в растения и накоплении в урожае, Москва 1956

[5] *Е. В. Юдинцева, Ю. В. Гулякин, З. М. Фоломкина*, Агрохимия 2 (1970) 30

[6] *V. Reichenbach, G. Bussche*, Z. Pflanzenernähr, Bodenkunde 1 (1963) 24

[7] *В. М. Прохоров, З. А. Баранова, М. В. Рыжинский, А. С. Фрид, В. Д. Широков*, Агрохимия 4 (1972) 32

Isotopenpraxis 21 (1985) 9, S. 332 bis 333

Tagungsberichte

X. Allunionssymposium über stabile Isotope in der Geochemie, 3.–5. Dezember 1984, Moskau

Das Symposium, an dem neben etwa 300 Teilnehmern aus der UdSSR 3 Vertreter des Zentralinstituts für Isotopen- und Strahlenforschung (Leipzig), 1 Vertreter aus der VR Bulgarien und 1 Vertreter aus der Bundesrepublik Deutschland teilnahmen, wurde von der Sowjetischen Akademie der Wissenschaften, Abteilung Geologie, Geophysik und Geochemie, der Internationalen Assoziation Geochemie und Kosmochemie, dem Wissenschaftlichen Rat für die Biosphäre der AdW der UdSSR und dem Institut für Geochemie und analytische Chemie W. J. Wernadskij veranstaltet.

Insgesamt waren im Tagungsprogramm 156 Vorträge ausgedruckt, darunter 5 Plenarvorträge, 30 zum Problemkreis Erdöl und Erdgas, 30 zu Problemen der Hydrosphäre sowie zur Problematik der Isotopenvariationen des Wasserstoffs und Sauerstoffs in Gesteinen und Mineralen, 15 Vorträge zur Sedimengeochemie, 15 Vorträge zur Theorie der Isotopieeffekte sowie zu ihrer experimentellen Bestimmung, 15 Vorträge zu magmatischen Prozessen und 15 Vorträge zur Kosmochemie und den Prozessen der Entstehung der Erde.

In der Sektion „Öle, Gase, organische Stoffe" beschäftigten sich die Vorträge ausschließlich mit der Untersuchung von natürlichen Probenmaterialien auf die jeweilige Isotopenzusammensetzung und der entsprechenden Interpretation. Dabei stand die Charakterisierung dieser Proben durch $\delta^{13}C$-Werte im Vordergrund. 80% der Vorträge bezogen sich hierauf. Teilweise (4 Vorträge) wurden neben den Isotopenverhältnissen des Kohlenstoffs auch die des Schwefels einbezogen. In 2 Vorträgen wurde organisches Material durch $\delta^{18}O$-Werte charakterisiert, eine Abeit beschäftigte sich neben dem $\delta^{13}C$-Wert mit dem δD-Wert der gleichen Substanz, um so zu signifikanten Aussagen zu gelangen. Darin kommt auch der derzeitige internationale Trend zum Ausdruck, möglichst viele bzw. alle möglichen Isotopenverhältnisse der in den jeweiligen Materialien vorkommenden Elemente zu bestimmen.

Auf dem Gebiet der Hydrosphäre finden naturgemäß die Isotope des Wasserstoffs und Sauerstoffs eine besonders breite Anwendung. Dabei konzentrieren sich die Vorträge sowohl auf die Charakterisierung von verschiedenen Wassertypen (Meerwasser, Oberflächenwasser, magmatisches Wasser, metamorphes Wasser) als auch auf die Beschreibung der Prozesse in der Hydrosphäre. Bei der Untersuchung von Salzlösungen werden neben den $\delta^{18}O$-Werten oft auch Verhältnisse von Elementkonzentrationen (z. B. Cl^-/Br^-) in die Interpretation einbezogen.

Für die Aufklärung von magmatischen und erzbildenden sowie analogen Prozessen werden hauptsächlich die Isotope des Wasserstoffs, Sauerstoffs, Kohlenstoffs und Schwefels untersucht. Die Ergebnisse werden zur Klärung von genetischen Problemen und Transportprozessen angewendet, aber auch durch Messung von $\delta^{18}O$-Variationen zur Ermittlung von Bildungstemperaturen. So wurden in den Vorträgen z. B. Untersuchungen von Flüssigkeitseinschlüssen in Quarzen aus einer Goldlagerstätte, Untersuchungen von sedimentären Carbonaten und vielen anderen natürlichen Materialien vorgestellt. Auch die Verknüpfung von $^3He/^4He$-Verhältnissen mit $\delta^{15}N$-Werten bei der Untersuchung von Erdgasen spielt als ein Kriterium für die Stickstoffherkunft eine wichtige Rolle.

Die Vorträge zur Theorie der Isotopieeffekte waren relativ stark mit praktischen Fragestellungen verknüpft. Die Beurteilung der Ergebnisse erfolgte deshalb weitgehend unter dem Gesichtspunkt ihrer Bestätigung durch das Experiment und ihrer praktischen Anwendung. Es gab nur wenige Vorträge, die unabhängig von konkreten geologischen Zielstellungen waren. Diese Vorträge befaßten sich ausschließlich mit Elementareffekten, ihrer physikalischen Begründung und geologischen Relevanz.

Im Mittelpunkt einiger Vorträge stand die Berechnung thermodynamischer Isotopiefaktoren (β-Faktoren) und ihre Anwendung bei der Interpretation natürlicher Isotopenvariationen. In diesem Zusammenhang waren auch die weitergehenden theoretischen Begründungen zur Einführung funktioneller Gruppen von großem Interesse.

Die objektbezogenen theoretischen Arbeiten modellierten meist die Kinetik geologischer Prozesse auf der Basis phänomenologischer partieller Differentialgleichungen.

Besondere Bedeutung haben z. B. Diffusions- und Adsorptionsmechanismen zur Klärung der Isotopenfraktionierungen von Wasserstoff und Sauerstoff in wäßrigen Systemen. Ferner wurden Filtrationsprozesse durch Gesteine, aber auch Gleichgewichtsprozesse von Mehrkomponentensystemen unter hydrothermalen Bedingungen modelliert. Hauptanwendungen sind aber nach wie vor Bestimmungen von Bildungstemperaturen von Gesteinen.

Die Vorträge zur Kosmochemie bezogen sich hauptsächlich auf die Element- und Isotopenanalyse von Meteoriten und den Versuch einer Deutung der entsprechenden Zusammensetzungen. Schwerpunkt bildeten dabei kohlenstoffhaltige Chondrite, die bezüglich der Sauerstoff-Isotopen- bzw. Wasserstoff-Isotopenzusammensetzungen untersucht wurden. Die verschiedenen Untersuchungen führten zu der Aussage, daß unter gewissen Voraussetzungen die kohlenstoffhaltigen Chondrite als Protomaterie der Erde angesehen werden können. Eine entsprechende isotopengeochemische Bilanz in einem Chondrit-Modell wurde aufgestellt.

P. Harting

Eingegangen am 22. 3. 1985

Bericht über das „International Symposium on Food Irradiation Processing" vom 4.–8. 3. 1985 in Washington D.C., USA

Das von der International Atomic Energy Agency und der Food and Agriculture Organization of the United Nations veranstaltete Symposium hatte etwa 280 Teilnehmer aus 40 Mitgliedstaaten der IAEA und der FAO und von 14 internationalen Organisationen. Mit 160 ausländischen Teilnehmern hob sich die Tagung hinsichtlich ihres internationalen Charakters von der Mehrzahl der in großen Ländern wie den USA veranstalteten Tagungen ab. Auffallend war die hohe Repräsentanz der Industrie hochentwickelter kapitaistischer Länder, insbesondere der USA. Auffallend stark waren Länder wie Frankreich (19), Thailand (8), Südafrika (6), Ägypten (9) und Peru (7 Teilnehmer) vertreten. Angesichts dieses Spektrums der Teilnehmer und der Diskrepanz zwischen wissenschaftlich-technischer Entwicklung und Gesetzgebung auf dem Gebiete der Lebensmittelbestrahlung in den meisten Ländern nimmt es nicht wunder, daß in einer ungewöhnlich großen Zahl der Vorträge ökonomische und juristische Fragen und Probleme der Marktarbeit im Vordergrund standen.

Etwa 30 Jahre nach den ersten orientierenden Untersuchungen über die Verlängerung der Haltbarkeit und über die Verbesserung der hygienischen Qualität von Lebensmitteln durch Behandlung mit ionisierender Strahlung kann, wie das Symposium bestätigt hat, das Ringen um den Nachweis der Wirtschaftlichkeit der Lebensmittelbestrahlung und um den Nachweis und die Anerkennung der Unbedenklichkeit des Gebrauchs bestrahlter Nahrungs- und Genußmittel als abgeschlossen gelten. Auf der Tagesordnung steht somit die in den meisten hochentwickelten Industrieländern, auch in den USA, in der BRD und in einer Reihe weiterer westeuropäischer Länder noch ausstehende Durchsetzung der gewonnenen Erkenntnisse in der Legislative, die Ausarbeitung der geeignetsten Technologien, die Optimierung dieser Technologien und die Erschließung weiterer Anwendungsgebiete für die ionisierende Strahlung in der Land- und Nahrungsgüterwirtschaft.

Die Konferenz hat bestätigt, daß die meisten Länder bzw. Konzerne bestrebt sind, die Lebensmittelbestrahlung in die bestehenden Ernte-, Tranpsort- und Lagerungstechnologien einzuordnen und in Kombination mit anderen Verfahren zur Behandlung von Lebensmitteln (Einfrieren, Trocknen, Pasteurisieren, Konservieren, Tauchen in Heißwasser ...) einzusetzen.

Neben Verfahren zur Verlängerung der Haltbarkeit bzw. der Minderung der Lagerungsverluste treten in zunehmendem Maße Verfahren, die die Verbesserung der hygienischen Qualität zum Ziel haben (Schweinefleisch, Broiler, Gewürze, Futtermittel, Krabben, Verpackungen usw.), in Erscheinung. So wird der potentielle Nutzen der USA aus der Bestrahlung von Schweinefleisch auf $5 \cdot 10^8$ \$ pro Jahr geschätzt.

Eine Reihe von Firmen der USA sowie Beta-Gamma-Service, Wiehl-Borsig, BRD, bemühen sich um die Propagierung von Bestrahlungsanlagen mit Beschleunigern bis 5 MeV (bzw. nach einer diesbezüglichen Erweiterung des Codex alimentarius bis 10 MeV).

Bei hohen Dosisleistungen und Gütern geringer Dichte bzw. Dicke ist der Verwendung von energiereichen Elektronen der Vorzug zu geben. Durch Umwandlung der Elektronen in Bremsstrahlung von diesen Einschränkungen freizukommen verbietet sich wohl wegen des niedrigen Konversionsgrades der Energie (8% bei 5 MeV bzw. 15% bei 10 MeV) und wegen des inhomogenen Energiespektrums der Bremsstrahlung (Überdosis!).

Der Vortrag des Berichterstatters machte das hohe Niveau und Entwicklungstempo der DDR auf dem Gebiet der Lebensmittelbestrahlung deutlich.

Neben den Ergebissen auf dem Gebiet der Bestrahlung von Zwiebeln, Gewürzen, Arzneimitteln und Impfstoffen beeindruckte auch die Tatsache, daß die DDR mit der Anlage zur Enzymbestrahlung im VEB Prowiko das erste Beispiel für eine unmittelbar in einen Produktionsprozeß der Nahrungs- und Genußmittelindustrie eingegliederte Bestrahlungsanlage schafft. Auf der Tagung wurde auch deutlich, daß die DDR bisher das einzige Land ist, dessen Legislative die Lebensmittelbestrahlung als physikalisches Behandlungsverfahren deklariert und so von Zusätzen zu Lebensmitteln zum Zwecke der Konservierung abgrenzt.

Eine Kommission unter Vorsitz von Dr. *J. S. Sivinski*, CH 2M Hill, Alberquerque, USA, hatte die Aufgabe, die Ergebnisse des Symposiums zusammenzufassen und Empfehlungen zur Entwicklung der Lebensmittelbestrahlung in den Entwicklungsländern vorzuschlagen. Im Bericht der Kommission wurde hervorgehoben, daß die Strahlenbehandlung von Lebensmitteln geeignet ist, die Ernteverluste zu mindern, den internationalen Warenaustausch zu erleichtern und eine hohe Lebensmittelhygiene zu gewährleisten. Der Bericht enthält eine Reihe von Vorschlägen zur Durchsetzung des Verfahrens und der dazu notwendigen gesetzgeberischen Maßnahmen.

K. Wetzel

Eingegangen am 25. 3. 1985

Isotopenpraxis 21 (1985) 9, S. 333 bis 336

Buchbesprechungen

Status and Prospects for Gas-Cooled Reactors

Vienna: IAEA 1984. 264 S., 86 Abb., 50 Tab., 181 Lit. (Techn. Rep. Ser. No. 235, STI/DOC/10/235); karton. ÖS 560.–

Auf Empfehlung der 1978 gegründeten International Working Group on Gas-Cooled Reactors entstand dieser Bericht über die Geschichte, den gegenärtigen Stand und über zukünftige Projekte schneller und thermischer Reaktoren mit gasförmigen Kühlmitteln. Der Bericht basiert vorwiegend auf Zuarbeiten von IAEA-Mitgliedsländern und ist in vier Abschnitte gegliedert. Neben einer allgemeinen Darstellung über gasgekühlte Reaktoren ist im ersten Abschnitt die strategische Linie einzelner Länder bei der Entwicklung von Kernenergieanlagen im allgemeinen und der gasgekühlten Reaktoren im besonderen dargestellt. Gasgekühlte Reaktoren in Form des He-gekühlten

Hochtemperaturreaktors (HTGR) spielen in der Energiekonzeption der in der Kerntechnik führenden Länder eine nicht unbedeutende Rolle für die Bereitstellung von Prozeßwärme und Elektroenergie. Im zweiten Abschnitt wird die historische Entwicklung gasgekühlter Reaktoren in den einzelnen Ländern behandelt. Da zu Beginn der Kernenergienutzung angereichertes Uran nur in unzureichender Menge zur Verfügung stand, war die Entwicklung in den 50iger Jahren auf den Einsatz von Natururan in graphitmoderierten CO_2-gekühlten (Magnox-)Reaktoren orientiert. Trotz der niedrigen Betriebstemperaturen, geringen Energiedichten und niedrigen Abbrände wurden diese Reaktoren in beträchtlichem Umfang in Großbritannien, Frankreich und anderen Ländern installiert. Die folgenden Konzeptionen führten zu einem fortgeschrittenen CO_2-gekühlten Reaktortyp (AGR) und zum HTGR. Eine gesonderte Reaktorlinie stellen die in der Sowjetunion konzipierten schnellen N_2O_4-gekühlten Brutreaktoren dar.

Eine detaillierte Beschreibung der in Betrieb, im Bau sowie in der Planung befindlichen Reaktoren gibt Abschnitt 3.

Gleichzeitig sind hier die Anwendungen der gasgekühlten Reaktoren zur Elektroenergieerzeugung und Wärmebereitstellung für industrielle und kommunale Verbraucher beschrieben. Insbesondere dem HTGR mit Reaktoraustrittstemperaturen bis fast 1000 °C wird ein wichtiger Platz eingeräumt bei der Lieferung von Wärme für stoffwandelnde Prozesse wie die Wasserstoffgewinnung aus Wasser, die Kohlevergasung oder energieaufwendige Prozesse der organischen Großchemie.

Im letzten Abschnitt werden Probleme der Zuverlässigkeit, des Kernbrennstoffzyklus und Sicherheitsaspekte behandelt.

Der Vorzug des Berichtes liegt in der ausführlichen und umfassenden Bilanz der bisherigen Arbeiten und geplanten Aktivitäten auf dem Gebiet gasgekühlter Hochtemperaturreaktoren einschließlich ihrer Applikationsmöglichkeiten. Mit den Literaturhinweisen wird gleichzeitig auf umfangreiches Material zu speziellen Problemen aufmerksam gemacht. Für eine präzisere Einordnung gasgekühlter Reaktoren in die Gesamtstrategie der Kernenergienutzung wäre ein fundierter Vergleich mit anderen Reaktorkonzepten, insbesondere mit Leichtwasserreaktoren, wünschenswert gewesen.

Der Bericht ist allen zu empfehlen, die sich mit Problemen der Kernenergie; insbesondere mit prognostischen Fragen, der Reaktortypenstrategie, Problemen des Kernbrennstoffzyklus sowie mit der Wärmeversorgung aus Kernenergie befassen.

T. Reetz

Uranium Exploration in Wet Tropical Environments
Proceedings of an Advisory Group Meeting; Vienna, 16—19 November 1981

Vienna: IAEA 1983. 162 S., div. Abb. u. Tab. (Panel Proc. Ser. STI/PUB/642); karton. ÖS 320,—

Über die Suche und Erkundung von Uraniumerzen in Gebieten mit gemäßigtem, trockenem oder kaltem Klima sind in aller Welt umfangreiche Erfahrungen gesammelt worden, die in zahlreichen Veröffentlichungen mehr oder weniger systematisch dargestellt worden sind. An der Verbreitung dieser Erfahrungen hat auch die IAEA durch die Veranstaltung von Treffen und Konferenzen und durch die Herausgabe von Druckschriften beträchtlichen Anteil.

Wesentlich spärlicher sind die Kenntnisse über die Methodik und Technik der Suche und Erkundung in Gebieten mit feucht-tropischem Klima. Die Ursachen liegen darin begründet, daß einerseits die Anforderungen an den Menschen und die Technik außerordentlich viel schärfer sind (so daß bis jetzt nur kleine Teile der in Frage kommenden Gebiete erforscht wurden) und daß andererseits das geochemische Milieu in den feuchten Tropen ein völlig anderes Herangehen notwendig macht (man denke nur an die tiefgründige Verwitterung, die unter bestimmten Bedingungen mächtige Decken von Deka- bis Hektometern schafft, unter denen das anstehende Gebirge verborgen ist). Die geochemische Landschaft der feuchten Tropen unterscheidet sich dadurch wesentlich von anderen Landschaften (im Sinne von *Polynov* und *Perelman*), was sich besonders auf solche beweglichen Elemente wie Uranium auswirkt.

Da in der letzten Zeit die Suche und Erkundung von Uraniumerzen auch unter diesen Klimabedingungen stärker betrieben worden ist, hat die IAEA ein Treffen von Spezialisten organisiert, damit die bisherigen Erfahrungen ausgetauscht, verglichen und bewertet werden konnten. Das Treffen vereinte 8 Teilnehmer aus 6 Staaten und 8 Beobachter. Es wurden 8 Vorträge gehalten und diskutiert. Einige Stichworte zur Kennzeichnung der behandelten Gegenstände: Erfahrungen in Regenwaldgebieten (geochemische Aufnahme von Flußsedimenten, radiometrische Aufnahmen, Analyse des Uraniumgehaltes in Flußwasser, Kriterien zur Bewertung von Anomalien); Verhalten des Uraniums bei der Lösung und Wanderung (Adsorption als wichtigste Form der Fixierung in Oberflächennähe, Einfluß der inneren Oberfläche der Flußsedimente); Aero-Gamma-Aufnahmen und ihre Überprüfung an der Erdoberfläche (Verbindung mit Satelliten-Aufnahmen, Spektrometrie, Emanometrie, geologischer Kartierung, Schürfung und Bohrung); Benutzung von Blei und Schwermineralen; Verhalten des Uraniums in Lateritdecken. Die Länder, in denen diese Erfahrungen gesammelt wurden, sind: Sumatra, Philippinen, Mali, Gabun, Zentralafrikanische Republik, Nigeria, Tansania, Ecuador und Columbien.

Zum Schluß gibt die Arbeitsgruppe einen systematischen Bericht, in dem die Strategie der Suche und Erkundung dargelegt wird und die einzelnen Verfahren in ihren Möglichkeiten und Grenzen (einschließlich der Kosten) bewertet werden. Damit ist der gewünschte Überblick erreicht, von dem künftige Erfahrungen sich abzuheben haben und für den man der IAEA und den Teilnehmern des Treffens Dank wissen wird.

K. H. Köhler

Geology and Metallogenesis of Uranium Deposits of South America
Proceedings of a Working Group Meeting; San Luis, Argentina; 21—23 September 1981

Vienna: IAEA 1984. 275 S., div. Abb. u. Tab. (STI/PUB/641); karton. ÖS 550,—

Die Größe des südamerikanischen Kontinents und seine geologische Vielfalt lassen erwarten, daß es viele und große Gebiete mit ausgeprägter Uraniumhöffigkeit gibt. Das Fehlen von veröffentlichten Informationen erschwerte aber die Einschätzung des Uraniumpotentials. Ein erster Schritt zur Minderung dieses Mangels war das Treffen von Spezialisten, das 1978 in Lima stattfand (Veröffentlichung 1981 unter dem Titel: Uranium Deposits in Latin America —

Geology and Exploration). Seitdem führten verstärkte Forschungen zur Gewinnung von weiteren Erkenntnissen, so daß am Rande des Argentinischen Geologischen Kongresses 1981 mit Unterstützung der IAEA eine Arbeitsgruppe eine erste Bilanz des Standes der Wissenschaft ziehen konnte. Die Ergebnisse der Arbeiten liegen nun vor.

An dem Treffen nahmen 59 Teilnehmer aus 10 Ländern teil. Es wurden 10 Vorträge (davon 8 in spanischer Sprache) gehalten und diskutiert. Der Einführungsvortrag (*Stipanicic* und *Belluco*) gibt einen Überblick über die Uraniumhöffigkeit des ganzen Kontinents; die anderen Vorträge bieten entsprechende Zusammenfassungen über regionale oder nationale Bereiche (Argentinien mit 2 Beiträgen, Bolivien mit einem vorläufigen Bericht, Brasilien, Columbien mit 3 Beiträgen, Peru: ein Beitrag über Karbonatite).

Der südamerikanische Kontinent (17 Millionen km²) kann in 5 große tektonisch-metallogenetische Provinzen gegliedert werden. Gegenwärtig kennt man 165 Vorkommen und Lagerstätten von Uraniumerzen, die in 5 genetische Typen gegliedert werden können. Von diesen weisen etwa 15 Lagerstätten bedeutende Vorräte auf. In Argentinien und Brasilien sind etwa 20% der höffigen Flächen einigermaßen untersucht, in den anderen Staaten wesentlich weniger. Die erkundeten Vorräte in Argentinien und Brasilien werden mit 250000 Tonnen angegeben (bezogen auf 130 Dollar je Kilogramm). Insgesamt werden die Vorkommen des Kontinents auf 770000 bis 1500000 Tonnen geschätzt (nach Angaben des International Uranium Resources Evaluation Project). Soweit man die bisherigen Kenntnisse verallgemeinern kann, sind alle genetischen Typen an der Bildung von größeren Lagerstätten beteiligt, wobei magmatische Lagerstätten (im weiteren Sinn) und Vorkommen in Sandsteinen besonders wichtig zu sein scheinen.

Die Vorträge lassen deutlich erkennen, daß — infolge der meistenteils schwierigen Gelände- und Aufschlußverhältnisse — die klassischen geologischen Aufnahme- und Erkundungsverfahren wirksam vorbereitet und unterstützt werden, indem die modernen Hilfsmittel der Fernerkundung (Satellitenaufnahmen, SLR Side-looking-radar) und der geophysikalischen Regionalerkundung genutzt werden, ebenso wie es selbstverständlich ist, die Erkenntnisse der Plattentektonik für kontinentale und regionale Einschätzungen zu Rate zu ziehen.

Die vorgelegten Arbeiten werden nicht nur für die weitere Erkundungstätigkeit in Südamerika, sondern auch für kritische Vergleiche mit anderen Erdteilen eine gute Grundlage bieten, weshalb der IAEA für die Veröffentlichung — in gewohnt guter Ausstattung — zu danken ist. *K. H. Köhler*

Isotope Techniques in the Hydrogeological Assessment of Potential Sites for the Disposal of High-Level Radioaktive Wastes

Vienna: IAEA 1983. 150 S., div. Abb. u. Tab. (Techn. Rep. Ser. No. 228); karton. ÖS 340,—

Die Internationale Atomenergie-Agentur erwirbt sich seit vielen Jahren große Verdienste um Theorie und Praxis von Isotopenmethoden und -techniken in vielerlei Anwendungsbereichen. Der vorliegende Band reiht sich in die Literatur der technischen Berichte ein, die anwendungsorientiert neue Technologien, in diesem Falle zur Überwachung von radioaktiven Deponien, vorstellen. Dabei werden die Transportmechanismen in der Geosphäre, insbesondere die Grundlagen der Migration, einschließlich der Dispersion und Retardation, die Verweilzeitverteilung sowie Methoden der Tracertechnologien im weiteren Sinne in diesem Konnex dargestellt. Deuterium, Sauerstoff-18, Tritium, Kohlenstoffisotope und deren Entwicklung im System Gestein — Wasser, sowie Sulfat-Schwefel, im Wasser gelöste Edelgase (^{4}He, ^{39}Ar, ^{40}Ar, ^{81}Kr) und andere Isotope kosmischen Ursprungs, wie Chlor-36 und Silizium-32, sowie Uran-Isotope und künstliche radioaktive Tracer werden hinsichtlich ihres Einsatzes dem Titel des Buches entsprechend charakterisiert und anwendungsbereit beschrieben. Daneben wird der Technologie Aufmerksamkeit gewidmet, indem Injektions- und Meßtechnik, Probennahmetechnik vorgestellt und exemplarisch typische Anwendungsfälle beschrieben werden. *H. Jordan*

Cobalt-60 Teletherapy
A Compendium of International Praktice

Wien: IAEA 1984. 695 S., zahlr. Abb. (Lokalisationsskizzen), Tab., Lit. (STI/PUB/413); geb. ÖS 1480,—

Das umfangreiche Werk ist im Auftrag der Atomenergie-Kommission und der Weltgesundheits-Organisation erarbeitet worden. Es liegt ihm der Gedanke zugrunde, daß die Kobalt-60-Teletherapie bis in die 90er Jahre in vielen Ländern der Welt auch weiterhin im Einsatz bleiben wird. Dabei wird nicht verschwiegen, daß in Strahlentherapeutischen Zentren künftig Linearbeschleuniger mehr und mehr therapeutisch genutzt werden. Jedoch wird auch darauf verwiesen, daß in manchen Gegenden der Welt einzig die Orthovolt-Therapie aus Gründen der Infrastruktur und Ökonomie eingesetzt wird.

An der Bearbeitung des Werkes sind 62 namhafte Strahlentherapeuten (Onkoradiologen) und klinische Strahlenphysiker aus führenden Bestrahlungszentren Europas einschließlich der Sowjetunion, aus Asien, aus Australien, sowie aus Nord- und Südamerika beteiligt. Das Buch, das von *M. Cohen* (Canada) und *J. S. Mitchel* (England) redigiert wurde, ist trotz der vielen Autoren aus einem Guß. Es gliedert sich in einen einführenden und erläuternden Teil A und einen ausschließlich praktischen Teil B.

Die 6 einführenden Kapitel befassen sich mit Zielstellung und Stellenwert der Telekobalt-Therapie, Bedeutung der interdisziplinären Zusammenarbeit, Begriffsbestimmungen, Dosisverteilung bei den einzelnen Bestrahlungstechniken — wobei die Stehfeldtechnik bevorzugt wird —, Patientenlagerung, Einzel- und Herddosis einschließlich Isodosenverläufen. Es schließen sich physikalische Aspekte der Telekobalt-Therapie, Dosis-Zeit-Relationen, TNM-Klassifikation (UIIC), Empfehlungen für die klinische Onkoradiologie sowie Vorschläge für die Dokumentation an. Die sehr lesenswerten und prägnant abgefaßten Einführungskapitel, die nur ein Siebentel des Gesamtumfanges ausmachen, enthalten alles Wissenswerte über die Telekobalt-Therapie.

Im Teil B findet der Leser die Zusammenstellung von Bestrahlungstechniken für die jeweiligen Tumorlokalisationen und -Typen. Dieser Teil ist sehr übersichtlich und einheitlich gestaltet. 20 Tumorlokalisationen bzw. Organregionen werden abgehandelt. Zu Beginn eines jeden Kapitels stehen allgemeine Richtlinien und TNM-Klassifikation. Es folgen Bestrahlungsplanung mit Körperskizzen, die die Strahleneinfallsfelder angeben sowie Isodosenverteilungen. Es werden einfache und auch komplizierte Stehfeldtechniken aus verschiedenen Bestrahlungszentren dargelegt. Sehr begrüßenswert ist es, daß jeweils eine individuelle Planung für einen ausgewählten Patienten tabellarisch angegeben ist. Diese Tabelle enthält neben dem Namen des Behandlungszentrums Angaben zum Patienten, wie Alter, Geschlecht, Größe, Gewicht, Tumorstadium und Histologie; weiter sind aufgeführt: klinische Daten, diagnostische Untersuchungen, Bestrahlungsstrategie, Zahl der Felder, Feldgröße, Fraktionierung, Gesamtherddosis, Belastung kritischer Organe usw. Auch aufgetretene Früh- und Spätreaktionen, sowie Ergebnisse einschließlich Prognose finden Erwähnung. Die dargelegten Vorschläge basieren auf den Erfahrungen von 1983/84. Erkenntnisse über Kombination Chemo-Strahlentherapie (Dosisreduktion) werden berücksichtigt. Bei Organregionen, bei denen der Einsatz der Hochvolt- bzw. Elektronen-Therapie vorteilhafter wäre, wird darauf verwiesen. Das gleiche gilt für Vorbestrahlung und interstitielle Therapie. Insgesamt gesehen, könnte man Teil B als „Bestrahlungsatlas" ausweisen. Literaturangaben finden sich nur zum Teil A und zu Tumoren im Kindesalter. Eine namentliche Aufstellung der Autoren und ein Inhaltsverzeichnis schließen das Werk ab.

Das Buch kann guten Gewissens allen Strahlentherapeuten, Strahlenphysikern und onkologisch interessierten Wissenschaftlern zur Lektüre empfohlen werden. Überall dort, wo Telekobalt-Therapie betrieben wird, sollte es im Lokalisationsraum — wo Bestrahlung geplant wird — als Nachschlagewerk ausliegen. Anders ausgedrückt: Es besitzt bei Bestrahlungsplanung als Orientierungshilfe eine eminent praktische Bedeutung. Das Buch wird sich auch in Lehre und Unterricht bestens bewähren.

J. Pfeiffer

Die Physik von Ladungsträgerstrahlen

J. D. Lawson. Aus dem Engl.; Moskau: Isd-wo Mir 1980. 436 S., div. Abb. u. Tab. (in Russisch); geb. M 22,—

Mit der vorliegenden Monographie verfolgt *John D. Lawson* das Ziel, die grundlegenden theoretischen Erkenntnisse auf dem breiten Gebiet der Physik der Strahlen geladener Teilchen zusammenzufassen und zu systematisieren.

Im 1. Kapitel werden vom Autor dem Verständnis dienliche einleitende Bemerkungen zur Terminologie, zu Anwendungen von Strahlen geladener Teilchen und zu benutzten grundlegenden physikalischen Theorien gemacht. Kapitel 2 ist ein Kapitel, in dem sich der Autor mit der Optik für Strahlen geladener Teilchen beschäftigt und die Wirkung fokussierender Systeme beschreibt. Kapitel 3 enthält eine Betrachtung von Laminarstrahlenbündeln unter Berücksichtigung von Raumladungseffekten. Dieses Kapitel ist in methodischer Hinsicht wertvoll, da hier eine exakte Klassifizierung der verschiedenen Arten geladener Teilchenstrahlen und ihrer grundlegenden Eigenschaften gegeben wird. Im 4. Kapitel werden Eigenschaften nichtlaminarer Strahlenbündel untersucht. Große Aufmerksamkeit widmet der Autor dem physikalischen Sinn des Theorems von *Liouville* und der Nutzung des Begriffes Emittance zur Charakterisierung von Teilchenstrahlen. Er formuliert des weiteren grundlegende Begriffe einer allgemeineren Beschreibungsweise geladener Teilchenstrahlen auf der Basis der kinetischen Gleichung von *Wlassov*. Im 5., nicht so umfangreichen Kapitel werden Fragen der Streuung von Teilchenstrahlen z.B. im Restgas und im Plasma, der Vielfachstreuung in fokussierten Teilchenstrahlen und Strahlungseffekte in Elektronensynchrotrons und Speicherringen behandelt. Das 6. Kapitel nimmt etwa 1/3 des Buches ein und ist sehr interessant. Es gibt eine Klassifizierung der verschiedenen Wellenarten und Instabilitäten, die in Strahlen geladener Teilchen auftreten können. Aus einheitlicher Sicht werden Wellen im unbegrenzten Plasma, Longitudinal- und Transversalwellen in endlichen Systemen sowohl für Teilchenstrahlen hoher Stromdichte als auch geringerer Stromdichte betrachtet.

Im Anhang sind mehr als 300 Literaturstellen gegeben.

Das Buch gibt einen systematischen Überblick über die Theorie der Strahlen geladener Teilchen. Es spiegelt den gegenwärtigen Stand auf diesem Gebiet wider und dürfte für Naturwissenschaftler, die sich mit Teilchenstrahlen beschäftigen, interessant sein. Es ist sicher auch für Wissenschaftler, Studenten und Aspiranten eine Hilfe, die sich schnell in die Physik der Strahlen geladener Teilchen einarbeiten wollen.

K. Neumann

Stereochemistry
Basic Concepts and Applications

M. Nógrádi. Budapest: Akadémiai Kiadó 1981. 283 S., 151 Abb.; geb. M 60.—

Sehr bald lernt heute ein Student der Chemie, daß die üblichen Schreibweisen der Strukturformeln in der „Papier"-Ebene eigentlich räumlich zu verstehen sind; er hat damit zum ersten Mal die notwendige Berührung mit der Stereochemie. Sie wird leider viel zu oft als ein Teilgebiet der Chemie betrachtet, obwohl sie dem eigentlichen Anliegen und dem Verständnis der Chemie, dem Bau der Moleküle, voll entsprechen sollte.

Der Autor teilt das Buch in 3 große Abschnitte ein: in die statische Stereochemie, in die dynamische Stereochemie und in einen Abschnitt angewandte Stereochemie. Daß der erste Abschnitt rund 100 Seiten Umfang ausmacht, liegt in der notwendigen Einführung und Begründung der stereochemischen Begriffe, der Symmetriebetrachtungen und der Bestimmungsmethoden für stereochemische Aussagen. Im 2. Abschnitt werden Hinderungseffekte bei chemischen Reaktionen behandelt, wie sie nur aus dem Blickwinkel der Stereochemie verstanden werden können. Naturgemäß kann der 3. Abschnitt nur eine Auswahl der Anwendungen von stereochemischen Interpretationen sein, wobei sehr moderne Beispiele gewählt werden: elektrocyclische Reaktionen, sigmatrope Umlagerungen, enzymatische Reaktionen, Stereoisomerie bei monotonen Polymeren und bei einigen anorganischen Komplexen.

Aus der Sicht der Isotopenchemie kann hervorgehoben werden, daß zahlreiche Beispiele gewählt sind, in welchen die stereochemischen Schlußfolgerungen mit Hilfe von Tracern gezogen wurden. Wenn auch moderne Beispiele eines Verstärkungseffektes von chiralen D-Verbindungen durch nematische Flüssigkristalle noch keine Berücksichtigung gefunden haben, so dürften die teils sehr ausführlich abgehandelten Beispiele überzeugend den Argumentationsweg der Stereochemie — mit und ohne markierte Verbindungen — dem Leser des Buches nahebringen. Die Literatur ist mit 192 Zitaten belegt, wobei 64%, entsprechend 123 Zitate, aus den Jahren 1971—1980 stammen. Das Hauptfeld der Zitate liegt zwischen den Jahren 1971—1976. Insgesamt ist es dem Autor gelungen, eine dem gegenwärtigen Stand entsprechende Monographie über Stereochemie vorzulegen, die ihren Leser- und Nutzerkreis finden wird.

H. Hübner

ISOTOPENPRAXIS

Band 21 1985 Heft 9

Contents — Inhalt

► Language of Publication — ► Publikationssprache

Isotopenpraxis is indexed in Current Contents/PC & ES, Science Citation Index, and INIS Atomindex.

FSC
www.fsc.org
MIX
Papier | Fördert
gute Waldnutzung
FSC® C083411

Zeitfracht Medien GmbH
Ferdinand-Jühlke-Straße 7
99095 Erfurt, Deutschland
produktsicherheit@kolibri360.de